写给大家看的
Midjourney 设计书

范东来 著

人民邮电出版社

北京

图书在版编目（CIP）数据

写给大家看的Midjourney设计书 / 范东来著. -- 北京 ： 人民邮电出版社，2023.12
ISBN 978-7-115-62611-0

Ⅰ．①写… Ⅱ．①范… Ⅲ．①图像处理软件 Ⅳ.
①TP391.413

中国国家版本馆CIP数据核字(2023)第169877号

内 容 提 要

这是一本人人都能读的 Midjourney 设计书。全书分为 4 章：第 1 章介绍 Midjourney 及其社区、交互方式和按钮的作用；第 2 章围绕 Midjourney 的以文生图这一核心功能展开，通过大量的案例讲解重要命令和参数，以及主体、行为、光照、风格、视角、色调等常用的提示语元素，最后结合这些元素总结出一个提示语的通用模板；第 3 章通过不同种类、不同风格的案例主要讲解视觉传达设计工作中经常遇到且能产生经济效益的八大场景——标志设计、摄影、动漫、建筑景观、室内设计、插画、产品设计、风景；第 4 章介绍 Midjourney 的一些高级功能，如垫图、多重提示、叠图等。

本书包含大量用 Midjourney 生成图片的实践案例，涉及数百个具有代表性的提示语，能够让读者举一反三，适合对 Midjourney 感兴趣的大众读者阅读。

♦ 著　　　　范东来
　　责任编辑　　杨海玲
　　责任印制　　王　郁　马振武

♦ 人民邮电出版社出版发行　　北京市丰台区成寿寺路 11 号
　　邮编　100164　电子邮件　315@ptpress.com.cn
　　网址　https://www.ptpress.com.cn
　　北京宝隆世纪印刷有限公司印刷

♦ 开本：787× 1092　1/20
　　印张：10.2　　　　　　　　2023 年 12 月第 1 版
　　字数：170 千字　　　　　　2023 年 12 月北京第 1 次印刷

定价：69.80 元

读者服务热线：(010)81055410　印装质量热线：(010)81055316
反盗版热线：(010)81055315
广告经营许可证：京东市监广登字 20170147 号

前言

2016 年 AlphaGo 战胜了围棋世界冠军、职业九段棋手李世石，这意味着人类智力游戏的最后一道壁垒被攻破。与此同时，学术界与工业界开启了人工智能（AI）能力竞赛，资本与人才大量涌入 AI 领域。人们讨论什么样的工作会最后被 AI 替代，得出的结论是与创意有关的工作，如与程序开发或者艺术相关的工作。

在 AlphaGo 战胜李世石 6 年后，ChatGPT 横空出世，带给人们的震撼比 6 年前有过之而无不及。这一次事情有了变化。除了 ChatGPT 的对答如流让人惊叹，AIGC（AI 生成内容）相关产品的推出和更新迭代更是令人目不暇接，有通过文本生成图片的 Midjourney、DALL·E 2、Stable Diffusion 等，也有通过文本聊天甚至语音聊天方式生成代码段的 GitHub Copilot X。一夜之间，仿佛最后才会被 AI 替代的工作却有可能最先被替代。

与 ChatGPT 不同，Midjourney 是一个专注于通过文字生成图片的 AIGC 产品，也是目前生成图片质量非常高的工具。Midjourney 4 与 ChatGPT 同年发布，2023 年 3 月发布了 Midjourney 5，Midjourney 4 与 Midjourney 5 在业界引起了巨大的反响，生成的图片质量之高已经不得不让人思考人类画师应该何去何从。此时，作为对视觉传达设计或者对 Midjourney 感兴趣的你，需要直面 Midjourney 给行业带来的影响和机遇。一方面，Midjourney 作为跨时代的产品，却拥有极为简单的交互方式——自然语言，这极大地降低了视觉传达设计相关工作的门槛，AI渲染的画作势必会大量出现；另一方面，Midjourney 并不像有些人所说的会让创意变得廉价，相反它是一个极好的自我表达工具，可以在一分钟内将你的创意变成高质量的画作，而不会受限于作品类型、你的绘画水平和专业领域。毫不夸张地说，Midjourney 已经改变了这个行业的工作方式，而随着它不断进化、发布新版本和功能，它将持续改变，直到彻底改变这个行业。

作为一名技术爱好者，我最初是因 Midjourney 的惊艳效果而想去探索其底层原理，随着体验愈加深入，其简单的交互方式和大量快速反馈的结果让我愈加乐在其中。在积累了数千张图片生成和优化的经验之后，我决定将这些经验总结成一本书，一本作为零基础的我在开始使用 Midjourney 时也想看到的书，也是人人都能看的 Midjourney 设计书，希望这本书能带领读者从零开始逐步了解 Midjourney 并能够深入使用，能让读者在这个过程中感受到 Midjourney 带来的惊喜和感动，更能帮助不同背景的读者去发掘自己的才能，挥洒自己的创意。为了方便读者理解，本书不但在 Midjourney 输出的图片下方提供英文提示语，而且在其后附上了对应的中文。

在完成这本书时，我的女儿葡萄刚满一岁，很遗憾她还不能通过 Midjourney 向我表达她脑海中的快乐、悲伤、幻想与期待。如果有可能，正在翻阅此书的你，不妨带着孩子一起来尝试，或许会有不一样的体验。

Midjourney 的创始人戴维·霍尔兹（David Holz）曾经表示，Midjourney 的名称来源中国典故"庄周梦蝶"，其中包含"中道"的理念。他说："我们就生活在旅途中，我们来自丰富和美丽的过去，而在我们面前的，是疯狂和难以想象的宝贵未来。"

祝大家玩得愉快！

范东来
2023 年 7 月于北京

目录

第 1 章
使用 Midjourney 前的准备工作   8

第 2 章
吟唱想象的咒语：如何写好提示语   26

第 3 章
Midjourney 场景实战   72

第 4 章
Midjourney 技巧进阶   190

第1章 使用 Midjourney 前的准备工作

　　即使之前对 Midjourney 没有任何了解，阅读完本章之后你也能做好使用 Midjourney 生成精美图片所需的准备。让我们开始吧！

an infographic of tea magic: green tea, peppermint, chamomile, ▶ hibiscus, black tea, ginger, white tea, cinnamon, matcha, chai
茶魔法信息图：绿茶，薄荷，洋甘菊，木槿花，红茶，姜，白茶，肉桂，抹茶，茶

The Mansta Calce

Maedips Rilkent · Maalet · Mat AGiite · Cimperc Girat · Cbone cecepe

Yor Someleel · Mat Jazpee · Wam Neace · Tetalarce Ginmehiptrom · Discwissom

Slek Tannires · Sel Glace · Betamlse Bepoce Farciee · Cam Ratapes · Selim Pasite

如何在 Discord 中使用 Midjourney

Midjourney 是目前非常流行的 AI 绘图工具，主要功能是通过文字生成图片。Midjourney 于 2022 年 7 月 12 日进入公开测试阶段，比 ChatGPT 还要早几个月，因其具备极高的图片质量和独特多变的艺术风格，一经推出便引起了业界的热烈讨论。从短期技术革新的角度来看，Midjourney 会替代一部分人类画师的工作；从长期来看，Midjourney 真正做到了解放思想，它让非凡的创意火花得以变成真正的作品，是一种对文化的重塑和对艺术的增强，相信读完本书读者会有自己的体会。

Midjourney 公司是一家小而美的公司，目前只有十几名员工，其资金来源主要是自筹，创始人戴维是一名连续创业者，也是著名体感控制器 Leap Motion（于 2019 年被竞争对手收购）的创始人。目前，Midjourney 依托于社交媒体平台 Discord 提供服务，所以想要使用 Midjourney 就要先熟悉 Discord。Discord 是一款极富魅力的社交媒体产品，是美国年轻人常用的社交媒体之一。关于 Discord 值得单独写一本书，本书不过多介绍，只聚焦如何在 Discord 中使用 Midjourney。

注册成为 Discord 用户

如果你还不是 Discord 的用户，需要先打开 Discord 网站，点击页面右上角的"Login"按钮进行注册，并完成后续的验证（无须下载 Windows 或者 Mac 版本）。

注册成功后会进入 Discord，可以看到下面这个界面。

找到并加入 Midjourney 服务器

在 Discord 中，服务器是一个特有的概念，类似于社交软件中的群组，也可将其称为一个社区。要使用 Midjourney，需要先加入它的服务器。上页图左侧标注数字 1 的矩形框内罗列了我已经加入的服务器，如果你是刚刚加入 Discord，这一栏是空的。要加入新的公开服务器，需要点击上页图左下角标注数字 2 的矩形框内指南针形状的绿色图标，进入公开服务器的搜索页面。不出意外的话，Midjourney 应该是主页推荐的第一个社区。点击白色帆船图标所代表的 Midjourney 社区，就能进入 Midjourney 服务器。

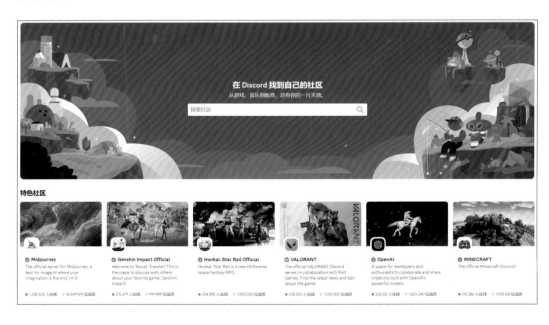

如果你是第一次进入，点击"加入服务器"，就会看到下面这个界面。

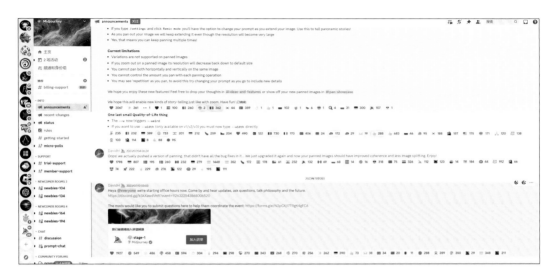

现在引入 Discord 的第二个概念——频道。在一个服务器里可以有多个频道，每个频道通常都有自己的主题。频道的概念又将社区人群进一步细分，这其实很符合 Discord 最初作为游戏社区的定位，新手往往不想在老手群中发问，他们需要自己交流的频道。根据主题的相似性，频道又被分为若干个频道组，如试用支持和会员支持都属于支持频道组。服务器栏右边的列表就是频道组（如下页图中标注数字 1 的矩形框所示）。点击 NEWCOMER ROOMS 3 频道组中的 newbies-104 频道（如下页图中标注数字 2 的矩形框所示），就可以加入为新手准备的频道。

　　用户可以在上图最下方的输入框中输入任何文字，需要注意的是，该频道的所有用户都能看到你发送的文字。

选择合适的订阅计划

　　2023 年 3 月 28 日，Midjourney 在 announcements 频道宣布暂时停止免费的 AI 绘图功能，所以目前要想体验 Midjourney 的文生图功能，需要在基础计划（Basic Plan）、标准计划（Standard Plan）、专业计划（Pro Plan）和 Mega 计划（Mega Plan）中选择一个订阅。这 4 个订阅计划提供的服务的主要区别如下表所示。

Midjourney 订阅计划	订阅价格	生成图片数量限制	用于慢速生成图片的时间	用于快速生成图片的时间	同时运行快速生成图片作业数量	隐身模式
基础计划	10 美元 / 月	200 张 / 月	—	—	3	—
标准计划	30 美元 / 月	无限制	无限制	15 小时	3	—
专业计划	60 美元 / 月	无限制	无限制	30 小时	12	有
Mega 计划	120 美元 / 月	无限制	无限制	60 小时	12	有

注：任一计划按年支付均可享受 80% 的优惠。

通过对比这 4 个订阅计划可以发现以下几点。

- 基础计划最便宜，但每月只能生成 200 张图片，很难完整体验 Midjourney。
- 标准计划是一个不错的选择，它不限制生成图片的数量。如果对图片生成速度没有要求，等同于可以无限生成图片。如果对生成图片的速度有要求，标准计划也提供了 15 小时用于快速生成图片的时间。在 Fast 模式（Fast mode）下，运行一次生成图片作业需要 50~60 秒，计划内提供的 15 小时对一般用户来说已经足够。
- 专业计划相比标准计划价格贵了 1 倍，除了快速生成图片的时间额度增加了 1 倍，运行的快速生成图片作业数量从 3 个变为了 12 个。同时，专业计划增加了隐身模式（Stealth mode），支持不让别人看到你生成的图片。专业计划适合那些需要大量出图并对出图速度比较敏感的用户。
- Mega 计划提供了最多的快速生成图片时间（60 小时），当然也是最贵的。

总的来说，基础计划最便宜，但是有生成图片数量的限制，标准计划和专业计划都能无限出图，其中标准计划性价比最高，适合大多数用户。另外，在计划内用于快速生成图片的时间用完后，用户可以通过 4 美元 / 小时的价格继续购买。

选好订阅计划后，进入 newbies-104 频道，在对话框中输入"/subscribe"，即可获得订阅计划的链接。

私信 Midjourney Bot

成为 Midjourney 的付费用户后，你就可以在 Midjourney 的频道里与 Midjourney Bot 交互生成图片了，不过，频道中的所有人都会实时看到你与 Midjourney Bot 交互的过程。如果不想如此，需要将 Midjourney Bot 添加到你自己的私信列表中。点击第 14 页所示图片左上角的手柄形状的图标，旁边会出现"寻找或开始新的对话"输入框，点击该输入框后会出现一个搜索界面，输入"Midjourney Bot"将 Midjourney Bot 添加到自己的私信列表中，就不用在公共频道与 Midjourney Bot 交互啦！

生成第一幅作品

现在，我们已经具备了使用 Midjourney 的所有条件。本节将带读者一起体验 Midjourney 的文生图功能，并学会对作品进行调整（variation）、升频（upscale）、放大（zoom out）、扩展（pan）和保存（save），这些交互方式是使用 Midjourney 的基础。

要使用文生图的功能，只需要在频道和私信会话中输入"/imagine"，并在后面输入提示语，这样就可以触发图片生成任务。简单来说，在 Midjourney 中提示语就是想生成图片的文字描述。读者刚开始接触 Midjourney 时，可以大胆描述脑海中的场景，而不用拘泥于形式。

用 Midjourney 生成图片

如果想生成雄鹰飞过海面的图片，只需要输入"/imagine an eagle flying over the sea"，Midjourney 生成的图片会在一分钟内出现在会话中。

这幅四格的图片网格就是目前 Midjourney 给出的反馈方式，每格都是 Midjourney 根据提示语生成的候选结果图片。这 4 张图片下有 2 行按钮，其含义如下。

第一行的前 4 个按钮"U1""U2""U3""U4"，代表可以对图片进行升频，功能是将图片放大，生成所选图片的更清晰版本并平滑细节，图中的一些小元素可能会发生变化；第五个按钮是重新生成按钮，功能是重新生成四格图片，它会重新运行一个任务，即根据原来的提示语重新生成一个新的图片网格。

第二行的 4 个按钮 "V1" "V2" "V3" "V4"，代表可以对图片进行调整，功能是对所选网格图片进行细微调整，创建一个类似于所选图片整体风格和构图的新图片网格。

升频和调整图片

如果读者对第二张图片比较满意，可以点击按钮 "U2" 对第二张图片（第一行第二列的图片）进行升频操作，生成的单张图片如下图所示。

进行升频操作后的图片，除了细节相较于原图有所提升，图片的分辨率达到了 1024×1024。如果想基于该图进行一些调整，可以点击上图中的 "Vary(Strong)"

或"Vary(Subtle)"按钮，调整结果也是一个类似于第 17 页中的图片网格。点击"Vary(Strong)"按钮调整的幅度大于点击"Vary(Subtle)"按钮，这种对调整幅度的控制是 Midjourney 5.2 的新功能。

　　点击上页图中的"Web"按钮，会跳转到 Midjourney 后台。

　　如果你想对该作品再做些修改，或者希望将该作品下载到本地，点击上图下方的磁盘形状的按钮即可得到一张分辨率为 1024×1024 的图片。这是得到该作品最大分辨率的数据文件的标准做法。

　　如果你想对第 17 页所示图片网格的第二张图片进行调整，点击"V2"按钮就可以产生一个新的图片网格。这种调整带有一定的随机性，但是随机往往会给你惊喜。

如果你想重新生成一个图片网格，点击第 17 页所示图片的第一行第五个按钮即可。可以看到，Midjourney 非常鼓励对中间结果进行微调，加入了很多调整选项。调整也是得到一张满意图片的必经之路。需要注意的是，无论是对网格图片的升频还是调整，都算作一次新的图片生成，基础计划中包含的 200 张 / 月的图片生成额度很快就会用完。

放大图片

第 18 页所示图片中还有 3 个放大按钮 "Zoom Out 2x""Zoom Out 1.5x" 和 "Custom Zoom"，分别对应 2 倍率、1.5 倍率和自定义倍率，这也是 Midjourney 5.2 中新增的有趣功能。它的功能是放大图片展示区域，与 Photoshop beta 版中的生成式填充

（Generative Fill）功能类似。"Zoom Out 2x"的展示效果如下图所示。

　　整张图片的展示面积被放大，原来图片中主体被相应缩小，扩大的面积 Midjourney 也做了填充。细心的读者可能已经发现，这张图片 2 倍速放大后的图片还可以继续进行（无限次）放大。该功能在很多需要完成视频中丝滑转场效果和对画面进行无限伸缩时会非常有用，例如生成长镜头的视频。

扩展图片

　　除了放大功能，Midjourney 5.2 还提供了一个有趣的功能——扩展图片。它的功能是根据指定的方向扩展图片展示区域。连续点击第 18 页所示图片中向右的方向键，就可以得到扩展后的图片。

可以看到，扩展后的图片仍然按照提示语的要求重复了之前的图案。这意味着，只要在扩展时修改提示语就能改变扩展的内容，第 2 章的"调试好帮手"一节中将会介绍如何实现这一效果。

删除图片

生成的图片保存于 Discord 的聊天记录中，在大多数情况下，不想要的图片可以放在那里不管。想要删除一张图片，可以右键点击该图片，添加"反应"进入表情选择框，输入"x"后选择红色的叉就可以删除该图片结果。删除后的图片结果将不会出现在会话中，也不会出现在 Midjourney 后台的相册中。

Midjourney 相册

　　在正常情况下，要使用 Midjourney 只能使用 Discord，但是一些特殊的行为（如订阅付费计划、下载图片）会跳转到 Midjourney 官网。除了订阅和下载，Midjourney 后台还提供两个重要的功能，即私人相册和社区画廊。如果你觉得通过 Discord 聊天记录查看作品有些不方便，可以登录 Midjourney 官网，进入后默认就是你的私人相册。在这个相册里，你可以查看自己生成的所有图片，无论是图片网格还是放大后的结果。在相册页面，可以单张下载和批量下载图片，也可以按照时间线打包下载图片。读者可以自行探索。

另外，读者还可以通过 Explore 查看社区的优秀作品来汲取灵感。

从产品体验来说，Midjourney 看似被 Discord 和 Midjourney 后台分成两部分，这对于一个现象级产品似乎不太应该，但这正是 Midjourney 的高明之处。不要忘了，Midjourney 现在还是一个只有十几个人的创业公司，而 Discord 拥有全球非常优质的年轻用户资源，其

交互体验有口皆碑，社区也极度活跃。Midjourney 作为一款魅力十足且具备病毒式传播特质的产品，选用 Discord 提供服务可谓是借助了 Discord 的全部优点，将成本用在了最值得投入的领域，充分体现了戴维作为成熟创业者的特质，这一点非常值得我们学习。

Midjourney 进军中国市场

在 2023 年 5 月中旬，Midjourney 在 QQ 频道开始内测，提供中文版 Midjourney 服务，中文版具有全中文用户界面并且支持中文提示语，目前只接受少部分人申请进入体验。作为第一批加入内测的用户，我完整体验了中文版的功能，目前 Midjourney 中文版的交互体验与 Midjourney on Discord 有一定的差距，有些功能还有缺失，如社区画廊。对于比较重要的模型版本参数，Midjourney 中文版和官方 Midjourney 保持一致，但是其特性的更新略慢，例如，Midjourney 5.2 更新已经有些日子了，但放大功能还是没有更新。另外，Midjourney 中文版对中文提示语的理解仍有提升空间。

为了提供更好的阅读体验，本书除了为每张 Midjourney 生成的图片提供英文提示语，还会提供其对应的中文，这么做也是方便读者后续无缝衔接。但就像开源软件一样，目前在 Discord 社区与 Midjourney Bot 交互使用的提示语是英文，意味着大量的创意会使用英文来描述。可以预见，英文将是使用 Midjourney 非常重要的语言。

第2章 吟唱想象的咒语：如何写好提示语

Midjourney 生成图片的命令是 /imagine，中文版将 imagine 译为"想象"，本章标题中的"吟唱想象的咒语"正好与此呼应。要想用好 Midjourney，读者只需要拥有想象的能力，然后念出一句想象的咒语。

本章将从 Midjourney 命令、参数、如何高效地写出提示语这几个话题展开，介绍如何使用 Midjourney，并为读者总结一个通用提示语模板。

a portrait of a man, in the style of Minjae Lee, dark silver and light red, cyberpunk manga, in the style of Andrzej Sykut, comic art, stencil art
一个男人的肖像，李珉载风格，深银和浅红色，赛博朋克漫画，安杰伊·赛库特风格，漫画艺术，模板艺术

Midjourney 命令

在看完前面的内容后，相信你已经摩拳擦掌，跃跃欲试。但是，要想与 Discord 上的 Midjourney Bot 交互，你需要掌握一些与 Midjourney Bot 交互的命令。

本节会带你了解一些主要命令的用法。无论是在公共频道还是与 Midjourney Bot 私信，只要在 Discord 的对话框中输入"/"，就会出现 Midjourney 命令列表。

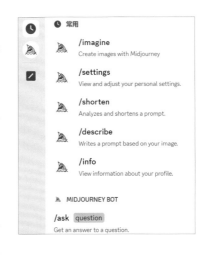

/imagine 命令：生成一张图片

如果要选出 Midjourney 最常用的一个命令，当然是通过文本生成图片的 /imagine，这也是 Midjourney 最重要的功能（没有之一）。不要犹豫，如果你已经订阅了 Midjourney，马上试试吧。

先来生成一张日落图片。输入 /imagine 命令后在提示语框内输入"sunset"，Midjourney 就会根据输入的内容生成你想要的图片。得到一张美丽的图片是不是很简单？空荡荡的海面还有些单调，你可以试着增加一艘船，聪明的 Midjourney 正确地理解了物体之间的逻辑关系，如下页两张图所示。

/stealth 和 /public 命令：不想所有人看到你生成的图片

Midjourney 是一个默认开放的社区，所有人都可以看到其他人生成的图片。如果

sunset
日落

sunset, ship
日落，船

你想有一些私人空间，可以在订阅专业计划后，使用 /stealth 和 /public 命令来切换公开模式（public mode）和隐身模式（stealth mode，此模式只在专业计划和 Mega 计划中可用）。在隐身模式下，其他人无法查看你生成的图片。但要注意，如果你是在公共频道与 Midjourney Bot 进行交互，那么无论你在哪种模式下生成的图片，都会被其他人看见。所以，如果你想使用隐身模式，记得先切换到个人服务器或者私信 Midjourney Bot。

/fast、/relax 和 /turbo 命令：控制生成图片的速度

在使用 Midjourney 生成图片时，通常需要等待一小段时间（Fast 模式下等待时间在 1 分钟内），这时 Midjourney 会使用后台服务器的计算资源进行绘制。如果你订阅

的是标准计划，套餐内包含"15 小时快速生成图片的计算资源"，用完后如果不额外购买就无法使用快速计算资源进行图片生成，这时等待的时间会变长。从直观感受来说，如果不使用快速生成功能，图片生成会非常慢。可以通过 /relax 和 /fast 命令实现 Relax 模式（Relax mode）和 Fast 模式（Fast mode）的切换。无论使用哪种模式，生成图片时都会有文字说明。

Relax 模式　　　　　　　　　　　　　　　Fast 模式

Midjourney 5.2 中新增了一个 Turbo 模式（Turbo mode），可以提供 4 倍图片生成速度，代价是消耗 2 倍的快速生成时间，适合那些快速生成时间非常充裕的用户。

/help 和 /ask 命令：获取帮助

在使用 Midjourney 时，如果需要查阅官方资料或有任何疑惑，可以试着使用以上 /help 和 /ask 这两个命令，其中 /help 相当于一个官方索引，顾名思义，利用 /ask 你可以向 Midjourney Bot 提问，而 Midjourney Bot 也会尽可能地给你提供准确的答案。

/describe 命令：用图片生成文字

如果说 /imagine 命令的作用是根据文字生成图片，那么 /describe 就是它的"反函数"——用图片生成文字。这可以说是对图片的一种解构，以"/imagine 命令：生成一张图片"一节中生成的日落图片为例，使用 /describe 命令上传这张图

片 Midjourney 会给出 4 个文字备选结果，其中之一为：

a sunset in a calm ocean, with waves and clouds, in the style of realistic hyper-detailed rendering, dark turquoise and dark red, tilt shift, solarizing master, realistic scenery, realistic surrealism, flowing brushwork

　　将这段文字作为提示语重新生成图片，得到的结果也非常不错，如上页右下图所示。所以，在遇到创作瓶颈时不妨多用 /describe 命令。

/shorten 命令：简化提示语

　　Midjourney 5.2 版本新增了 /shorten 命令，提供了一个非常有用的功能：对提示语中的关键词进行重要性标注，并且提供 4 个候选的简化版本。

　　以 提 示 语 "beautiful space goddess cyborg humanoid female raytraced cyberpunk craftsmanship athena girl impressionism dramatic arus wings feathers icarus photorealism" 为例，下面左图是原始提示语的结果，右图是通过 /shorten 命令简化后得到的结果，可以看到有些关键词已经被删除，只留下了 Midjourney 认为最重要的词语。

　　点 击 图 中 的 "Show Details" 按钮，还可以展示每个关键词的得分，方便更有针对性地进行优化。

　　我们用第一个候选项试着生成结果，可以看到，结果和原来的提示语效果差不多。

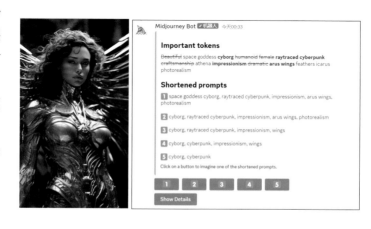

/settings 命令：设置全局参数

/settings 命令的作用是对 Midjourney 重要的参数进行设置。这里的设置会影响每幅作品的效果。在输入框中输入"/settings"，会出现全局参数列表的面板。

右图中的下拉菜单是模型版本参数，目前可选的有 Midjourney 的版本 1、2、3、4、5、5.1、5.2 和 Niji 的版本 4、5，默认会选择最新模型版本。

Midjourney 会定期发布新模型来提高图片生成效率、提示语一致性和图片质量。从 Midjourney 的角度来说，新版本的目标是取代旧版本，但是在某些特殊场景中旧模型的表现会超过新模型，所以 Midjourney 的旧模型仍然提供服务，供大家尝试和比较。

模型版本参数下面的方形按钮代表的参数，可以分为以下两类。

（1）与模型版本参数相关的参数。这些参数，会根据选择的模型版本发生变化。例如，高变化模式（High Variation Mode）和低变化模式（Low Variation Mode），目前只有 Midjourney 5.2 支持；RAW 模式（RAW Mode）是 Midjourney 5.1 后才支持的。

（2）与模型版本无关的通用参数。例如，第 1 行的风格化参数（对应 "Stylize low" "Stylize med" "Stylize high" 和 "Stylize very high" 按钮），其作用将在 "Midjourney 参数" 一节中介绍；第 2 行和第 3 行的与图片生成速度相关的参数（对应 "Turbo mode" "Fast mode" "Relax mode" 按钮）都可以通过前面讲过的命令进行设置。

/info 命令：回顾自己的 Midjourney 历程

在使用 Midjourney 一段时间后，如果想回过头来看看自己在 Midjourney 留下的痕迹，可以使用 /info 命令，它会告诉你一些信息：剩余的快速生成图片时间、生成的图片总数、当前的可见模式、当前生成图片的速度模式等。

提示语模式

你已经用 /imagine 命令生成了几张图片，应该熟悉了最基础的提示语模式：在 /imagine 命令后输入你要描述的内容作为提示语，这种仅通过文字描述的提示语称为 "文本型提示语"。文本型提示语是目前用得最多的，很多人将其戏称为 "咒语"。文本型提示语需要描述 Midjourney 生成图片的细节，如场景、特点、物体等，而进阶的提示语模式，除了包括文本，还包括图片和参数两部分。

文本型提示语模式　　　　　　　　　　　进阶的提示语模式

在进阶的提示语的模式中，提示语分为三部分，即图片、文本和参数。图片部分属于选填项，图片需要以 URL（且必须能够公开访问）的形式上传，目前支持的格式有 png、gif 和 jpg。如何上传和使用包含图片的提示语，将在第 4 章"垫图"一节中详细介绍。参数部分会对结果产生很大的影响，本章前面介绍了用来设置参数的命令 /settings，本章后面会详细介绍所有重要参数的用法与效果。

在一个完整的提示语中，图片部分和参数部分是可以缺省的，这两部分都缺省就是最基础的文本型提示语。与图片部分不同的是，参数部分如果缺省则使用的是默认值。

如何书写提示语

对于同一个意思，有很多种表达方式，而对于同一个词语，也会有不同的解释。本节最后希望提供一种通用的提示语框架，让你能将自己脑中的画面很好地变为 Midjourney 能够理解的词语，省去不必要的尝试，从而得到想要的作品。

在 Midjourney 中，提示语就是对生成图片的描述，它让 Midjourney 知道你的目的。描述绝非越长越好，简单的描述非常强大，使用它可以轻松生成精美的图片。描述越简单，留给 Midjourney 解释的空间就越大。例如，以"horse"作为提示语，除了能够得到一张逼真的骏马图，还能得到一些惊喜。

　　在很多情况下，你需要按照实际需求更好地控制生成的结果，这就需要减小 Midjourney 解释的空间，但也不要忽视 Midjourney 带来的惊喜，本质上你永远也无法百分之百确定生成的作品。无论你愿不愿意，永远会有"留白"的空间，希望你看完本节内容后至少能够主导控制权。不用担心，你无须文采斐然也无须遵从严格的规范，只需要提供更多的细节，甚至都不用是完整的句子，生成图片的效果就会更上一层楼。

与摄影师取景类似，书写提示语需要先确定主体、行为和类型，把控画面整体风格，然后确定色调、光照和视角。本节就来讲解这些常用的提示语元素。

确定描述的主体、行为和类型

主体和类型意味着"主体的内容类型"（a content type of a subject），例如马的水彩画、马的贴纸、马的电影海报、马的 3D 渲染、马的国画、马的文身图案。

a watercolor painting of a horse
马，水彩画

a sticker of a horse
马，贴纸

a movie poster of a horse
马，电影海报

a 3D render of horse
马，3D 渲染

a traditional Chinese painting of a horse
马，国画

a tattoo stencil of a horse
马，文身模板

　　Midjourney 中可供选择的主体类型有很多，如图标（icon）、插图（illustration）、模型（mockup）、产品拍摄（product shot）、广告（advertisement）、图案（pattern）、油画（oil painting）、丙烯画（acrylic painting）、信息图（infographic）等。如果在提示语中不指定类型，Midjourney 一般会以照片风格呈现图片，并且自由发挥。

　　我们还可以对主体赋予一些其他元素，如行为、穿着等。简单来说，怎么想就怎么描述即可。

baby eagle looking from cracked wall
小鹰从破裂的墙壁望去

female pilot wearing like cowgirl
穿着像牛仔的女飞行员

a hunter in snowy woods encountering a
wendigo with a deer skull for a head--ar 4:3
一位猎人在白雪皑皑的树林里遇到了一个头颅是
鹿头骨的温迪戈，长宽比 4:3

a swordsman standing in a canyon, sword
pointing at an evil wolf in front--ar 4:3
剑客站在峡谷中，剑指前方的恶狼长宽比 4:3

当然，主体和行为可以变换出无穷的组合，生成无限想象的画面。

提示语包含的信息是有限的，Midjourney 会根据提示语对那些没有指定的元素（如场景、色调、材质等）进行补全。

彩蛋 1

中文中"的"字的用法比较多，其中表示领属关系的用法（如"大楼的出口"中"的"字的用法）很容易被 Midjourney 误解，所以在用中文表示主体和类型时，可以直接用逗号隔开，如"马，水彩画"。

确定画面整体风格

在提示语中指定风格，可以引导 Midjourney 生成具有特定视觉风格的作品，例如指定某些艺术家风格来实现这一点。

指定艺术家风格的方法很简单，在提示语主体后加上 "in the style of"，而中文提示语则直接写出艺术家的姓名加上风格，用逗号隔开即可。指定不同的艺术家，会得到不同的结果。将不同的艺术家风格与主体相结合，会生成意想不到的图片。中国艺术家徐悲鸿尤擅画马，其《八骏图》更是登峰造极。我们不妨将写实主义的徐悲鸿风格与印象派的莫奈风格相结合，看看在 Midjourney 中会擦出怎样的火花。徐悲鸿更擅长画马，因此提示语中的风格表述为 "in the style of Xu Beihong and Monet"。

a painting of a horse, in the style of Monet
马，油画，莫奈风格

a painting of a horse, in the style of David Finch
马，油画，达·芬奇风格

a painting of a horse, in the style of Picasso
马，油画，毕加索

an old painting of a horse, in the style of Xu Beihong and Monet
马，旧油画，徐悲鸿和莫奈风格

　　可以看到，图中奔跑的马已然有徐悲鸿笔锋的神韵，整体又有印象派那种模糊的感觉，Midjourney 很好地理解了我的意图，融合了两位艺术家的风格。所以，正确且合理地使用艺术家的名字是让图片更惊艳的一个小技巧（技巧 1）。

　　印象派是西方艺术史上非常重要的一个流派，莫奈也是其代表人物。前面我们使用了莫奈风格来为生成的图片增添风格元素；其实，我们也可以在提示语中直接指定艺术流派达到影响画面风格的目的。下面是几种主体相同但风格迥异的图片。

beauty and horse, Classic Greek Art, --ar 16：9
美女与骏马，古希腊艺术，长宽比 16：9

beauty and horse, Impressionism --ar 16：9
美女与骏马，印象派，长宽比 16：9

beauty and horse, POP Art --ar 16：9
美女与骏马，波普艺术，长宽比 16：9

beauty and horse, Installation Art --ar 16：9
美女与骏马，装置主义，长宽比 16：9

beauty and horse, futurism --ar 16：9
美女与骏马，未来主义，长宽比 16：9

　　除了一些经典的艺术流派，在一段时期内，一些先锋艺术家（不限于绘画）展示的潮流或者风格（如荷兰风格派、哥特风格、包豪斯风格）被称为某种艺术运动，这些艺术运动中的风格元素也能很好地被 Midjourney 捕捉到。只要在提示语中增加描述这些风格的关键词，Midjourney 就能生成令人眼前一亮的图片。

beauty and horse, De Stijl --ar 16：9
美女与骏马，荷兰风格派，长宽比 16：9

beauty and horse, Gothic --ar 16：9
美女与骏马，哥特风格，长宽比 16：9

beauty and horse, Bauhaus --ar 16：9
美女与骏马，包豪斯风格，长宽比 16：9

beauty and horse, cyberpunk --ar 16：9
美女与骏马，赛博朋克风格，长宽比 16：9

确定色调

在提示语中指定色调，可以让 Midjourney 生成特定色调的图片。指定色调时可以使用描述性的词语，如棕褐色（sepia color）、单色（monochrome color）、柔和（vibrant）等，这有助于 Midjourney 了解你想要的方案。如果特别有把握可以直接说出具体的颜色，如蓝色（blue）、金色（golden）等。

a photo of an eagle, sepia color
老鹰，照片，棕褐色

a photo of an eagle,
monochrome color
老鹰，照片，单色

a photo of an eagle, golden and blue
老鹰，照片，金色和蓝色

a photo of an eagle, vibrant
老鹰，照片，柔和

a photo of an eagle, neon
老鹰，照片，霓虹灯

a photo of an eagle, high contrast
老鹰，照片，高对比度

你尽可以尝试各种稀有的颜色，如提香红（Titian red）、克莱因蓝（Klein blue）、覆盆子红（raspberry red）、牛油果绿（avocado green）等，再将其混合。试试吧，相信 Midjourney 不会让你失望。

确定光照

在提示语中增加与光照相关的关键词，可以让 Midjourney 生成特定光照条件下的图片。合适的光照可以极大地提升图片的质感，并且可以控制整体图片传达的情绪。指定光照的一种方式是使用描述性词汇，如电影感的（cinematic）、立体的（volumetric）、戏剧化的（dramatic）、情绪化的（moody）、自然的（natural）、人造的（artificial）。

a photo of the beach, bright natural sun light
海滩，照片，明亮而自然的阳光

a photo of the beach, cinematic light
海滩，照片，电影般的灯光

a photo of the beach, dark misty light
海滩，照片，黑暗而朦胧的灯光

指定光照的另一种形式是指定一天中的某个时间，如光线柔和且温暖的早晨，或者带有人造光照和霓虹灯的夜景，又或者黄金时段的光照，得到更加具体的结果。

真实光照带来的图片质感提升很明显，我们来看看几组光照的对比。为了突出光影的效果，我们在提示语中加上 "black background"（黑色背景）。

a photo of the beach, a morning scene with soft and warm light
海滩，照片，
光线柔和且温暖的早晨

a photo of the beach, a night scene with artificial light and neon signs
海滩，照片，
人造光照和霓虹灯的夜景

a photo of the beach, golden hour light
海滩，照片，
黄金时段的光照

a portrait of a girl, volumetric light, black background --ar 2:3
女孩的肖像，立体光，
黑色背景，长宽比 2:3

a portrait of a girl, morning light, black background --ar 2:3
女孩的肖像，早晨的光，
黑色背景，长宽比 2:3

a portrait of a girl, hard light, black background --ar 2:3
女孩的肖像，硬光，
黑色背景，长宽比 2:3

a portrait of a girl, color light, black background --ar 2:3
女孩的肖像，色光，
黑色背景，长宽比 2:3

立体光与电影光类似，都是叙事性光，晨光很容易营造出慵懒的气氛，硬光就是比较强的直射光，色光是由原色光混合产生的光。此外，还有很多专业的光照效果，如顶光（top light）、边缘光（rim light）、背光（back light）、柔光（soft light）、暖光（warm light）、冷光（cold light）、侧光（raking light）、影棚光（studio light）。前面描述海滩光照的那组词，往往能达到一种叙事的感觉，而这里描述女孩光照的这组词能对人像图片有很好的效果。

光照效果将在第 3 章的"摄影"一节中进行补充和展开。

确定视角

在提示语中增加与视角相关的描述性词语，可以引导 Midjourney 生成特定视角的图片。先来看看鸟瞰视角（birds-eye view 或 arial view）的一组图片。

a heart shaped island in the sea, birds-eye view
大海中一座心形小岛，照片，鸟瞰视角

a photo of a bird flying over forest and a round lake, arial view
鸟飞过森林与一座圆形湖泊，照片，鸟瞰视角

虫眼视角（worm-eye view）与鸟瞰视角正相反，小虫子看什么东西都是庞然大物。类似的还有鱼眼视角（fish-eye view）。

the middle of the big city, look up, worm-eye view
大城市的市中心，向上看，虫眼视角

the man who is diving, fish-eye view
潜水的男人，鱼眼视角

除了鸟瞰视角、虫眼视角和鱼眼视角，还可以在提示语中增加第一人称（first person perspective）视角或者第三人称（third person perspective）视角，帮助 Midjourney 理解你的意图。

a pilot in the air plane, first person perspective --ar 3:2
飞机上的驾驶员，第一人称视角，长宽比 3:2

　　另外，在提示语中指定角度或者焦点，如 close up（特写）、top-down angle（自上而下的角度）、full shot（全景照），会带来更多细节和特定的结果。

a photo of a wolf, extreme close up
一只狼的照片，极度特写

a photo of a wolf, top down angle
一只狼的照片，自上而下的角度

a photo of a wolf, full shot
一只狼的照片，全景照

可以发现，视角控制对画面布局影响非常大，因此选择一个好的视角非常重要。为了便于理解，这里用一张图来展现常用的视角，不同的黑色框代表不同视角所能呈现的画面。

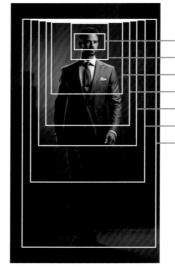

— 极度特写（extreme closeup）
— 特写（closeup）
— 中特写（medium closeup）
— 中景镜头（medium shot）
— 七分身镜头（cowboy shot）
— 中远镜头（medium long shot）
— 全景镜头（full shot）

与视角相关的关键词还有广角镜头（wide-angle shot）、斜角镜头（dutch-angle shot）和低角镜头（low-angle shot）等。视角效果将在第3章的"摄影"一节中进行补充和展开。

Midjourney 参数

　　参数是一个完整提示语很重要的一部分，熟悉参数的使用也是熟练使用提示语的标志。参数在图片生成过程中扮演了非常关键的角色，它可以对图片的各个方面进行调整以达到你的要求。使用参数，只需要在提示语后面输入"-- 参数名（空格）参数值"即可。例如，--ar 16:9 可以使生成的图片严格保证 16:9 的长宽比。在本节和第 4 章中会讲解几组可以非常直观地影响图片效果的 Midjourney 的重要参数。

版本参数 --version / --v

　　使用 /settings 命令可以设置 Midjourney 的版本。此外，在提示语最后加上 --version 或 --v 参数也可以设置 Midjourney 的版本。例如，在提示语最后加上"--version 5.1"或"--v 5.1"，就可以选择模型 Midjourney 5.1。

　　那么不同模型版本之间的区别是什么呢？本节将对最新的几个模型版本进行比较，这样你不光能够明白模型之间的区别，也能感受到 Midjourney 进化的方向。

　　相对于 Midjourney 4，2023 年 3 月 18 日发布的 Midjourney 5 正式版具有如下特点：

- 风格更加多样化（在备选网格图片中可能会出现不同风格的作品）；
- 初始生成的备选网格图片更清晰（分辨率达到 1024 × 1024）；
- 对提示语文本理解更准确；
- 生成图片的细节更丰富；

- 支持任意的长宽比（使创作更自由）；
- 改进了可以无缝重复平铺的图案拼接；
- 支持更细化的权重参数。

如果要用一句话总结 Midjourney 5 的改变，我认为 Midjourney 5 更写实，风格更多样化，对提示语的理解更为准确，在大多数情况下超越了 Midjourney 4。为了让大家有更直观的感受，下面来看几个例子。

例如，田野里郁金香的图片，用不同模型生成图片进行对比，可以明显看出差别。

Midjourney 5   Midjourney 4   Midjourney 3

field of orange tulip flowers, daytime, close up
田野里的郁金香，白天，特写

上面这 3 张图片都是以分辨率 1024×1024 呈现的，可以看出 Midjourney 5 对光照和细节的处理最好，更接近真实照片。

再来一个相对复杂的场景：在写字台上奋笔疾书的作家。

Midjourney 4　　　　　　　　　　　　　　Midjourney 5

a writer in her studio
工作室里的女作家

　　从整体观感上来说，Midjourney 5 生成的图片细节更丰富、光照更真实，换言之更像照片，但是被人诟病的手指展示错误问题依然存在，只能说比 Midjourney 4 稍微好些。

　　Midjourney 5 模型还呈现了风格多元化的结果。例如下面一组城市风景的图片。

　　第二张图片清新的动漫风格显著地区分于其他写实风格的图片。有些读者应该注意到了，下图提示语末尾带了一个参数 --ar 16:9，这个参数是设置 Midjourney 输出图片的长宽比的，"长宽比参数 --aspect/--ar" 一节会展开介绍。

realistic cityscape --ar 16：9
现实中的城市景观，长宽比 16：9

　　Midjourney 5.1 是 2023 年 5 月 3 日发布的小版本更新，是对 Midjourney 5 的一次升级，新增了 RAW 模式。只有选择了 Midjourney 5.1 及以上版本，才会出现 RAW 模式的选项。从整体效果来说，Midjourney 5.1 对色彩的运用比 Midjourney 5 更大胆，光影更真实，对提示语的理解能力更强（有更强的主见）。

　　以水下游泳的男孩为例。可以看出，Midjourney 5.1 比 Midjourney 5 对色彩的运用要好，图片的锐度明显提升，并且照片的 AI 感更弱；而 RAW 模式则更加贴近于现实，面部的细节几乎看不出和照片的区别。

| Midjourney 5 | Midjourney 5.1 | Midjourney 5.1 + RAW 模式 |

boy swimming underwater, face close up
水下游泳的男孩，脸部特写

下面再通过一组图片看一下 Midjourney 5.1 对提示语的理解能力。

| Midjourney | Midjourney 5 |

ice cream, fruit, surreal style, highly realistic
冰激凌，水果，超现实主义风格，高度逼真

可以看到，Midjourney 5.1 较好地理解了提示语，生成的图片更符合要求，而 Midjourney 5 生成的图片更像是对字面意思的解读。从这一点上来说，Midjourney 5.1 比 Midjourney 5 更有"主见"。

Midjourney 5.2 是 2023 年 6 月 23 日发布的更新版本，同样可以使用 RAW 模式，除了对画质美感和对提示语理解能力的提升，主要有以下更新。

- 画面的放大和扩展功能。
- 高变化模式，该选项可以增加候选结果图片的变化幅度，默认打开。读者也可以通过 /setting 命令切换到低变化模式。除此之外，在升频后仍然可以选择高低变化档位。
- 新增 /shorten 命令。
- 新增 --weird 参数，让画面风格更加多样化。

最后两个模型版本选项是 Niji 5 和 Niji 4，先欣赏两幅用 Niji 5 绘制的作品。

ariel shot of city landscape, in the style of
Hayao Miyazaki --ar 16：9
城市景观的鸟瞰图，宫崎骏风格，长宽比 16：9

pier beside the beach, beautiful blue sky and cloud,
in the style of Makoto Shinkai --ar 16：9
海滩旁的码头，美丽的蓝天与白云，新海诚风格，
长宽比 16：9

Niji（全称为 niji·journey）模型由 Midjourney 与 AI 游戏公司 Spellbrush 联合开发，主要专注于动漫、插画内容的生成，在二次元领域其能力甚至超越了 Midjourney。Niji 5 在 2023 年 4 月推出，其能力全方面领先 Niji 4，还可以使用 Midjourney 的风格参数，非常强大。本书后面的场景实战的动漫章节中，会深入使用该模型。

长宽比参数 --aspect / --ar

顾名思义，长宽比参数 --aspect 或 --ar 的作用是调整 Midjourney 生成图片的长宽比例。在 Midjourney 4 之前 Midjourney 只支持有限的几种长宽比，如 4:5、2:3、1:1、4:7 等，Midjourney 5 解除了对图片长宽比的限制，支持任意的长宽比，默认为 1:1。提示语相同，长宽比不同，生成的图片结果会有所不同。

Heaven, Hubble, cityscape --ar 16:9
天堂，哈勃望远镜，城市景观，长宽比 16:9

Heaven, Hubble, cityscape --ar 1:1
天堂，哈勃望远镜，城市景观，
长宽比 1:1

下图是在提示语末尾加上 --ar 5:1，呈现的长河落日圆的氛围。

sunset on the river --ar 5：1
落日，河，长宽比 5：1

选择合适的长宽比可以更好地呈现主题。另外，在进行候选结果升频时，可能会轻微改变画面比例。读者可以根据自己实际需求来设置长宽比，例如下面几种长宽比。

- 微信头像的长宽比为 1:1。
- UHD 画面的长宽比为 16:9。
- A4 纸的长宽比为 $\sqrt{2}$:1。
- 智能手机屏幕的长宽比接近于 7:4 或 16:9。

风格化参数 --stylize / --s

风格化参数 --stylize 或 --s 可以调节图片风格化的级别。风格化的意思是指 Midjourney 的发挥空间，发挥空间越大创作空间越大、艺术性越强，但实际效果并非用户想要的。在 Midjourney 5 中，通过 /settings 命令可以对风格化参数进行 4 个档位

的设定。读者可以在提示语后加
上 "--stylize X" 或 "--s X" 来设定风格化参数，其中 X 的值域为 0 ~ 1000。上图中
的 4 个档位分别对应 50、100、250 和 750。

　　我们引用 Midjourney 官网上的一个例子来展示风格化参数的作用。

colorful risograph of a fig
无花果的彩色孔版印刷

　　孔版印刷（risograph printing，简称 RISO 印刷）是传统印刷方式的一种，由于其独特
的印刷效果和特殊的色彩表现，近年来被一些艺术爱好者重新发现并加以改造，多用于
制作独立出版物。RISO 印刷可以产生特殊的色彩和纹理效果，其独特之处在于在执行多
色的印刷任务时，有不同程度的错版情况发生，即图案错位叠加，从而带来意想不到的
结果。从上图来看，--stylize 的值变大时，图片结果和 RISO 印刷风格开始有所不同。

画面质量参数 --quality / --q

使用画面质量参数 --quality 或 --q 可以设置画面的渲染质量，该参数的值可以是 0.25、0.5、1、2，也可以通过 /settings 命令设定档位。渲染质量越高，消耗的生成时间也越多，换言之也越贵。如果需要更高的细节程度，可以把它设为最高；如果想快速验证想法，可以把它调为最低。下面两张图片可以对比参数取不同值时带来的细节程度的改变。

cityscape, cyberpunk style --q 0.25
城市风景，赛博朋克风格，画面质量参数值 0.25

cityscape, cyberpunk style --q 2
城市风景，赛博朋克风格，画面质量参数值 2

虽然 --quality 或 --q 参数的值会改变结果的细节程度，但并不会改变生成图片的分辨率。

消除参数 --no

可以通过 --no 参数将画面中的某个元素去掉，这对掌控生成的画面是非常有必要的。例如，想去掉左图客厅中的沙发，只需要在提示语最后加上 --no sofa 参数。

a tiger in the living room
客厅里的一只老虎

a tiger in the living room --no sofa
客厅里的一只老虎，去掉沙发

混沌参数 --chaos / --c

--chaos 或 --c 参数可以为生成的图片引入随机性，有时会带来一些惊喜。--chaos 的值越大，输出结果的随机性越大。--chaos 值最大为 100，默认值为 0。下面四组图是对古罗马竞技场和蛋糕进行混合的结果，前两组图是 --chaos 值为 0 时生成的结果，后两组图是 --chaos 值为 100 时生成的结果。

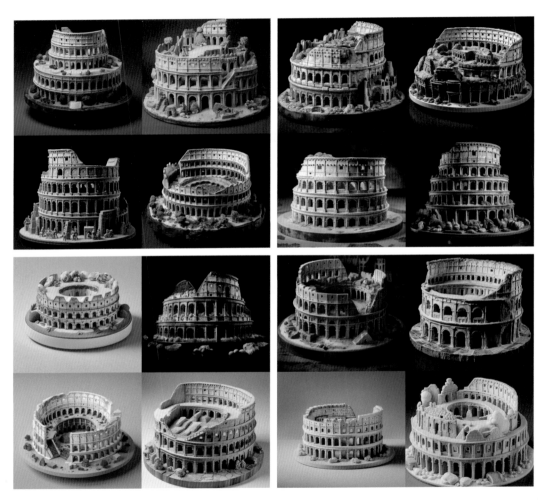

the hybrid of Colosseum and cake --chaos 0
古罗马竞技场和蛋糕的混合体

the hybrid of Colosseum and cake --chaos 100
古罗马竞技场和蛋糕的混合体

通过对比可以看到，当 --chaos 值为 0 时生成的混合风格较为一致，而当 --chaos 值为 100 时，混合风格开始有所变化，并且在同一个四格图片内，混合风格已经开始出现明显差异。

另类风格参数 --weird / --w

犹如其名，--weird 或 --w 参数会为生成的图片引入另类的美学元素，产生意想不到的效果，其值域为 0 ~ 3000。这个参数只能在 Midjourney 5 以上版本使用。

我们引用 Midjourney 官网上的一个例子来展示这个参数的作用。

通过对比可以看到，--weird 参数值越大画面风格越古怪。

--chaos、--stylize 和 --weird 参数都可以显著改变生成图片的风格，它们的主要区别有以下几点。

- --chaos 参数控制的是生成的四格图片彼此之间的差异程度。
- --stylize 参数严格意义上控制的是 Midjourney 的审美。
- --weird 参数控制的是 Midjourney 特立独行的程度。

重复参数 --repeat / --r

在 Discord 中，提交提示语的方式是每次一条，如果想同时提交多条一样的提示语可以在提示语后加上"--repeat *n*"或"--r *n*"，*n* 的数值受限于你订阅的计划（在标准计划中，*n* 的值为 2 ~ 10；在专业计划中，*n* 的值为 2 ~ 40），当然，它消耗的快速生成图片的时间也会乘以 *n*。

拼接参数 --tile

要想生成可以重复拼接的图片（这类图片可以用于包装纸、墙纸等场景），可以在提示语的末尾加上 --tile 参数。（注意，Midjourney 4 不支持该参数，但更早的版本支持。）

下页是 4 张同样的图片拼接在一起的效果。

watercolor koi --tile
水彩锦鲤

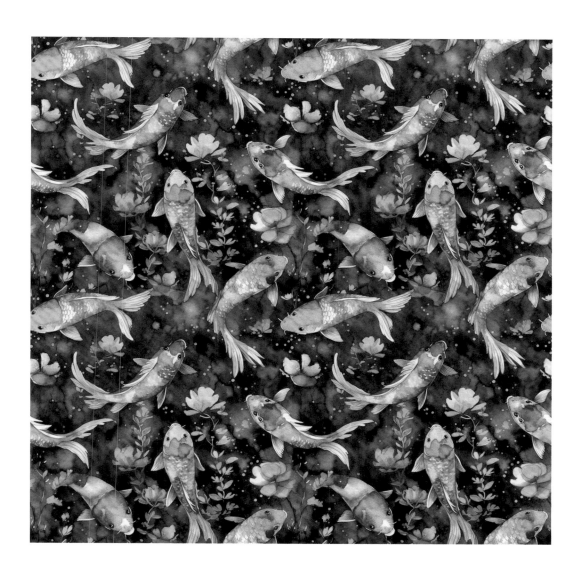

通过 /settings 命令指定的参数会被在提示语中指定的参数覆盖，如果在提示语中多次指定了相同的参数，会从左至右进行覆盖，这对于所有参数都适用。

组合式地提交提示语

Midjourney 支持对提示语进行组合式替换，即生成多条提示语一次性提交并生成对应的多个结果，例如 "a red bird" "a blue bird" "a green bird" 这 3 条提示语可以写为 "a {red, green, yellow} bird"。当然，这样会生成 3 个任务，消耗的快速生成时间也是 3 倍。

除了提示语文本，参数部分也支持这种组合式替换，例如 "--ar {3:2, 1:1, 2:3}" 将一次性生成 3 种不同比例的结果。

a naturalist illustration of a fruit salad bird --ar 3:2

a naturalist illustration of a fruit salad bird --ar 1:1

a naturalist illustration of a fruit salad bird --ar 2:3

参数部分与文本部分的组合式替换可以同时使用。例如 "a naturalist illustration of a {pineapple, blueberry, rambutan, banana} bird --ar {2:3, 3:4, 9:16} --v {5, 5.1, 5.2}"。

Remix 模式：你的调试好帮手

通过 /settings 命令，可以指定 Remix 模式（Remix mode）。在这种模式下，只要涉及对图片的改动，例如 "V1" "V2" "V3" "V4" 按钮、重新生成按钮、改变升频后图片的调整按钮，甚至用来扩展图片的箭头形状的按钮，都可以重新输入提示语来改变重新生成的图片。开启该模式后，在扩展图片时需要重新确认提示语（见下面的左图）。下面看一个例子，如下图所示，将老鹰修改为海鸥，并沿着向左的方向扩展。

可以看到，后面输入的提示语影响了画面扩展的内容。熟练使用 Midjourney 后，在调试时开启 Remix 模式，可以充分利用好每次尝试的机会，事半功倍。

提示语通用模板

　　看到这里，你应该了解了一个完整提示语的组成部分，以及生成一张图片的基本要素，如主体、类型、行为、风格、光照、视角等。本节将提供一个通用的提示语模板，既能包括主体、类型、风格、光照、视角等元素，又能为自由发挥预留空间，希望能够帮助读者更精准地绘制脑海中的画面，降低思维负担，把多余的精力留给创意。

　　这个通用的提示语模板分为以下五个部分。

　　（1）主体和细节，代表画面的主要元素，也就是你想要绘制的主体和类型。如果需要还应该包含主体的行为，画面的主要内容往往由这部分决定。细节描述得越细越好，如材质、表情等，就算细节程度不高，Midjourney 也会自由发挥。主体和细节部分的提示语示例如下：

the photo of the infinity pools overlooking city, ultra detailed and hyper realistic;
俯瞰整个城市的无边泳池，照片，细节极度逼真；

　　（2）环境，包括色调、背景和灯光，如前面用到过的黑色背景、各种灯光效果，以及影响环境的一切元素。环境部分的提示语示例如下：

high contrast, night city skyline landscape;
高对比度，城市天际线夜景；

　　（3）风格、艺术家，可选项非常多，包括古今中外知名的甚至不太知名的艺术家，以及各种各样的艺术风格和艺术运动，还可以用一些形容词，如科技感、电影般的。风格、艺术家部分的提示语示例如下：

sense of technology, cinematic, surrealism;
科技感，电影般的，超现实主义；

　　（4）构图，主要依赖于镜头语言，如镜头的焦点、主体的位置，甚至包括（如果是照片）相机设置等。构图部分的提示语示例如下：

low-angle, Cannon SLR camera 32k;
低角度，佳能单反相机，32k；

（5）参数，参数部分的提示语示例如下：

--ar 4:3, --no tree
长宽比 4:3，去掉树

将这 5 个部分合并起来，就是一条完整的提示语。下面是 Midjourney 根据组合这些示例得到的提示语生成的图片。

the photo of the infinity pools overlooking city in the future, ultra detailed and hyper realistic; high contrast, night city skyline landscape; sense of technology, cinematic, surrealism; low-angle, Canon SLR camera, 32k; --ar 4:3, --no tree
俯瞰未来城市的无边泳池，照片，细节极度逼真；高对比度，城市天际线夜景；科技感，电影般的，超现实主义；低角度，佳能单反相机，32k；长宽比 4:3，去掉树

　　建议读者在初学提示语时用分号隔开每个部分，这样更有条理，并且在修改时可以更好地利用之前的提示语。运用这个模板，就可以快速将脑海中的画面精确地描绘出来，生成效果不错的图片，例如下面这张图片。

the photo of the man skydiving in Queenstown, New Zealand; high contrast, sunny day, noon; surrealism; Go pro, first-person, 4k, HDR --ar 4:3
在新西兰皇后镇跳伞的人，照片；高对比度，晴朗天气，中午；超现实主义；Go pro，第一人称，4k，HDR，长宽比 4:3

　　这个示例指定了拍摄的相机为专业运动相机 Go pro，图片的风格自然也和真正用头戴 Go pro 拍摄的画面相差无几。虽然提示语中指定了 4k 和 HDR，但是不会改变生成图片的分辨率，某些时候会改善图片细节模糊的问题（技巧 2）。

photo of a delicious spaghetti bolognese set meal on the table with a glass of red wine, highly detailed and extremely realistic; volumetric lighting; food art; extreme close up

桌上美味的肉酱意大利面套餐，一杯红酒，照片；细节极其逼真；立体光照；食品艺术；极度特写

the photo of the advanced car in a luxurious car dealership, silver with a little red, metallic on the car, aerodynamic shape; high contrast, studio light; futuristic, in the style of Lamborghini and McLaren; full shot, 4k, HDR --ar 4 : 3 --style raw

高级汽车，在一家豪华汽车经销店，照片，银色带一点红色，金属色，空气动力学造型；高对比度，影棚光；未来主义，兰博基尼和迈凯伦风格；全景照，4k，HDR，长宽比 4 : 3，raw 风格

　　在汽车图片的例子中，我们通过参数手动指定模型采用 RAW 模式。在你能比较熟练地按照这个模板书写提示语后，调试单张图片时也可以试着改变模板中元素、提示语的位置，看看结果是否有变化。提示语的顺序往往对画面结果有一定的影响，越靠前代表越重要（技巧 3）。

　　需要注意的是，不能忽视随机性的威力。Midjourney 在很多环节都提供了对图片进行调整的按钮，调整就会出现随机的结果，这种随机性有时会给我们惊喜。所以想要得到一张满意的图片，首先是按照提示语通用模板描述想法，然后根据结果不断地调整提示语、利用 Midjourney 提供的调整功能改变画面，循环往复。在这个过程中，Remix 模式是你的好帮手。

第3章 Midjourney 场景实战

　　本章将围绕人们工作、生活中常见的场景——风景、标志设计、产品设计、室内设计、建筑景观、动漫、摄影和插画等，结合案例讲解如何高效使用 Midjourney 生成图片，正如本章开始这张经典的 knolling 摆放图片。knolling 原本是一种整理物件的方式，也是 Ins 红人喜爱的一种拍照方式，使用 Midjourney 仅需要一个关键词 "knolling" 就可以生成。就是这么简单！

bike, knolling, studio light, 4k
自行车，knolling 摆放，影棚光，4k

风景

    生成风景图片是 Midjourney 很擅长的一类任务，这是因为在漫长的艺术发展过程中创造了大量可供 AI 训练的数据，如不同艺术风格、艺术家的风景画。我们可以通过指定风格、流派，结合独特的景观创意，让 Midjourney 创作美丽的风景图片。其实，什么都不指定 Midjourney 也能生成非常不错的图片。

amazing photo, never before possible, landscape, 4k --ar 9：16
令人惊叹的照片，前所未有的风景，4k，长宽比 9：16

    类似地，读者还可以在提示语中使用 epic（史诗般的）、most beautiful（最美丽的）

这样的关键词。

　　现实中，美丽风景，无论是亲眼所见的还是从艺术作品中感受到的，都可以通过 Midjourney 赋予其新的感觉。

a beautiful scenic scenery with yellow flowers and mountains, expansive landscapes, in the style of Becky Cloonan, Alexandre Calame and Paul Catherall, color of sky are blue and beige, hyper-detailed, transcendent --ar 4 : 3

美丽的风景，黄色的花朵和山脉，广阔的风景，贝基·克洛南风格，亚历山大·卡拉梅和保罗·卡瑟罗尔风格，天空的颜色是蓝色和米色，超详细，超然的，长宽比 4 : 3

这张图具有很鲜明的漫画风格，是因为提示语中指定了著名 DC 漫画家贝基·克洛南作为风格参照。此外，风格的顺序会影响 Midjourney 输出的结果，越排在前面的风格影响权重越大。下面这张日落时分的小屋，可以很轻松地利用通用提示语模板得到。

a painting of a house at sunset, vibrant color palette, rustic texture, loose paint application, bold and vibrant primary colors, dark turquoise and orange, Michael Page --ar 4 : 3
日落时的房子，画，充满活力的调色板，质朴的纹理，散乱的油漆应用，大胆而充满活力的原色，深绿松石色和橙色，迈克尔·佩奇风格，长宽比 4 : 3

风景很适合用来练习通用模板，读者可以通过这种练习总结自己的模板。

spaceship in city, rainy Dark storm; dark, bright lighting, high contrast, raging, depressed; in the style of Blade Runner 2049, futuristic, sci-fi --ar 4:3
城市中的宇宙飞船，阴雨暗风暴；黑暗，明亮的灯光，高对比度，汹涌，压抑；《银翼杀手2049》风格，未来，科幻，长宽比 4:3

aerial view of vast mountain scape with high mountains, eagle soaring above clouds, colorful sunset, snow, mist, texture, detailed, high resolution; volumetric light; epic, harmonious; realistic --ar 4:3
广阔的山景鸟瞰图，高山，雄鹰翱翔在云层之上，色彩缤纷的夕阳，雪，薄雾，纹理，详细，高分辨率；立体光；史诗般的，和谐的；现实的，长宽比 4:3

narrow canyon with high walls and a river running through it, multicolored rock textures, reflection, puffy white clouds, flowing water, landscape; volumetric light; epic, adventure, cinematic, realistic, lifelike --ar 4:3

狭窄的峡谷，高墙，一条河流穿过，五彩的岩石纹理，倒影，蓬松的白云，流水，风景；体积光；史诗，冒险，电影，现实，栩栩如生，长宽比 4:3

lush tropical landscape with old stone ruins scattered around, tall monuments, giant trees, river; cinematic, epic, wondrous, realistic, lifelike --ar 4:3

郁郁葱葱的热带景观，周围散布着古老的石头遗址，高大的纪念碑，参天大树，河流；电影般的，史诗般的，美妙的，现实的，栩栩如生，长宽比 4:3

　　除了虚构的场景，风景胜地也可以用在提示语中，如冰岛蓝湖（blue lagoon in Iceland）、日落时分的伊斯坦布尔（Istanbul, sunset）等。

　　在右图的提示语中，我们指定了一个热气球视角与一位著名的画家凡·高，但是凡·高这辈子既没有坐过热气球，也没有去过土耳其，当他在热气球上俯瞰金角湾时，会绘出怎样的画卷呢？

blue lagoon in Iceland, tranquil aurora borealis over snowy mountains, frozen waterfalls, glowing frozen river, 8k, HD --ar 4:3
冰岛蓝湖，雪山上宁静的北极光，冰冻的瀑布，发光的冰冻河流，8k，高清，长宽比 4:3

Istanbul, sunset; volumetric light; in the style of van Gogh; Perspective from a hot air balloon, high resolution --ar 4:3 --no hot air balloon
伊斯坦布尔，日落；立体灯光；凡·高风格；热气球视角，高分辨率，长宽比 4:3，去掉热气球

　　再看一幅意大利北部的海岸风景。

这张图在海岸风景里加入了马赛克与彩色毛玻璃效果，整张图片的风格与之前的作品风格迥异。

coast in Ischia, Italy; bold color blocks, stained glass effect, high-keyed palette; in the style of animated mosaics, Patrick Brown and Dmitry Spiros; coastal views --ar 4:3
意大利伊斯基亚海岸；大胆的色块，彩色玻璃效果，高调的调色板；动画马赛克风格，帕基·布朗风格，德米特里·斯皮罗斯风格；海岸景观，长宽比 4:3

风景图很适合用来练习提示语，叠加 Midjourney 的能力，能够轻松碰撞出有趣的效果，大家不妨多试试。

标志设计

　　标志（logo）是现代商业中非常重要的一部分，可以让用户对品牌留下深刻印象，一个简单而富有创意的标志是一个品牌成功的基础。本节将介绍如何用 Midjourney 完成标志设计的任务。在开始之前，我先大致梳理一下目前主流标志的分类。

　　（1）图形标志（pictorial logo）：以图形为主，如苹果和 Midjourney 的标志。

　　（2）抽象标志（abstract logo）：一般由抽象的几何图形、线条组成，是品牌本身的一种含蓄体现，往往和品牌故事有某种呼应，如奥迪和阿迪达斯的标志。

　　（3）吉祥物标志（mascot logo）：可以为品牌建立"人设"，如 NBA 猛龙队曾用过的标志和肯德基的标志。

　　（4）徽形标志（emblem logo）：最古老的标志类型。这类标志往往具有复杂的细节、徽章的特性和比较传统的外观，很适合学校（如加利福尼亚大学伯克利分校）、足球队（如皇家马德里足球队）使用，汽车行业的一些品牌（如法拉利）也在使用。

（5）文字标志（wordmark logo）：是一种基于字体的标志，是品牌名称的表现。当品牌名称朗朗上口并且令人难忘时，这是一种不错的选择，如 Google 和 VISA 的标志。

（6）字母标志（lettermark logo）：是由单个字母或几个字母组成的标志类型，通常是品牌名称的首字母或首字母组合，如 IBM 和特斯拉的标志。

（7）组合标志（combination logo）：是图形和文字（字母）的组合，或者说是上面六种标志的有机组合，是企业非常喜欢采用的标志类型。在组合标志中，文字可以位于标志的顶部、侧部或底部。一个好的组合标志的图形和文字部分往往可以单独使用，都会令人印象深刻，如 ROLEX 和百事可乐的标志。

可以看到，前四种标志都是以图像为主，第五种和第六种标志是以文字为主。

本节将会围绕这七种标志，看一下 Midjourney 是如何完成标志设计的。先来看看 Midjourney 默认是哪一种标志类型。以一家糖果店和一家科技公司的标志为例，Midjourney 给出了如下答案。

logo design for a candy shop,
white background
糖果店，标志设计，白色背景

logo design for a technology
company, white background
科技公司，标志设计，白色背景

为了方便后期抠图，我特意在提示语中指定了白色背景（技巧 4）。可以看出，如果不加任何标志类型相关的关键词，主体是糖果时，Midjourney 生成图片的风格偏向于卡通贴纸形态的徽形标志，这种风格轻松活泼，很适合糖果店这个主体。如果换一个主体，变成一家泛指的科技公司，结果就很不同了，图片的现代感十足。也就是说，Midjourney 会根据标志主体选择风格与类型。除此之外，相信读者也已经发现了，在 Midjourney 生成的图片中的文字内容毫无意义，在标志设计中显得有些突兀。图片中的文字生成一直是 Midjourney 的短板，所以对于纯文字标志（例如 Google、IBM 的标志）的设计，Midjourney 就没那么擅长了。对于生成的标志，还需要用其他软件（如 Canva、Photoshop）对其中的文字进行二次处理（技巧 5）。

有没有 Midjourney 特别擅长的标志类型呢？很明显，如果标志整体以图为主，Midjourney 就很擅长。先来看看吉祥物类型的标志设计。下面是一款运动饮料的标志，我们可以在提示语中加入想要的动物元素，如小老虎（a little tiger），从而改变图片设计。

| mascot logo design for an energy drink company 能量饮料公司，吉祥物标志设计 | mascot logo design for an energy drink company 能量饮料公司，吉祥物标志设计 | mascot logo design for an energy drink company, a little tiger 能量饮料公司，吉祥物标志设计，一只小老虎 |

如果读者很确定吉祥物标志中的主体，则可以直接在提示语中指定，并且前面学习过的风格也可以运用到这里。除此之外，还可以使用涂鸦风格、卡通风格，甚至可以指定魔兽世界风格等。

徽形标志设计也是 Midjourney 擅长的，用很简单的提示语就可以生成一个魔法学院的院徽。

另外，Midjourney 也能绘制出镂空的复古风格的学院派徽章。从上面的图片再次可以得到验证，如果没有特别指明，Midjourney 会使用真实风格，所以要大胆使用 --no 参数对画面细节进行控制（技巧 6）。

a mascot logo of fox detective,graffiti style
狐狸侦探，吉祥物标志，涂鸦风格
a mascot logo of bear warrior, in the style of World of Warcraft,white background
熊战士，吉祥物标志，魔兽世界风格，白色背景
a mascot logo design of basketball team, raccoon, cartoon style
篮球队，吉祥物标志，浣熊，卡通风格

an emblem for a magic academy with a snake, vintage, white background
魔法学院，徽形标志，蛇，复古的，白色背景
an emblem for an university with old tree, vintage, white background --no shading detail
ornamentation realistic color
大学的徽形标志，包含一棵古树，复古，白色背景，去掉明暗细节装饰的逼真色彩
an emblem for an university with large book, vintage --no realistic color text
大学的徽形标志，包含一本巨大的书，复古，去掉逼真的彩色文本

图形标志一般是一些矢量图（vector graphic）、扁平化（flat）、极简风（minimalistic）的设计，只要在提示语中使用这些关键词，这对于 Midjourney 来说不是什么难事。

vector pictorial logo of summit and sun, simple minimalistic
山顶和太阳，矢量图形标志，简单，简约
vector pictorial logo of dolphin, simple minimalistic, in the style of Ivan Chermayeff
海豚，矢量图形标志，简单，简约，伊万·切尔马耶夫风格
pictorial logo of a dove, simple minimalistic, in the style of Japanese book cover
鸽子，图形标志，简单，简约，日本书封面风格
simple minimal line logo of a sailboat, vector
帆船，极简线条标志，矢量

第二个标志指定了伟大设计师伊万·切尔马耶夫风格来改变作品风格；第三个标志具有独特的日式风格，日式标志会带有一种独特的美感，通过特定提示语能够很好地呈现；第四个标志在提示语中加上了关键词 line（线条），得到了类似 Midjourney 风格的标志。

除了指定传奇设计师风格，指定艺术风格同样可以对标志风格产生很大影响，如迷幻艺术、波普艺术等。

a pictorial logo for cocktail brand, simple, vector, psychedelic art --no text realistic details
鸡尾酒品牌，图形标志，简单，矢量，迷幻艺术，去掉文本真实细节
a pictorial logo for cocktail brand, simple, vector, pop art --no text realistic details
鸡尾酒品牌，图形标志，简单，矢量，波普艺术，去掉文本真实细节

　　最后一类图形标志是抽象标志。在下面的几个示例中，我在提示语中声明了 3 个经典拓扑结构：莫比乌斯环、彭罗斯阶梯和克莱因瓶。

abstract logo for Mobius Ring, flat, simple minimalistic, white background
莫比乌斯环，抽象标志，扁平化，简单，简约，白色背景
abstract logo for Penrose stairs simple minimalistic
彭罗斯阶梯，抽象标志，简单，简约
abstract logo for Klein Bottle, simple minimalistic
克莱因瓶，抽象标志，简单，简约

在抽象标志中，还有两类比较有特色的风格，即重复（repeating）和渐变（gradient）。

abstract logo of geometric flower, flat, vector, radial repeating, simple minimalistic, in the style of Ivan Chermayeff
花的几何形状，抽象标志，扁平化，矢量，径向重复，简单，简约，伊万·切尔马耶夫风格
abstract logo of wave shape, blue gradient, simple minimalistic, flat, vector, in the style of Ivan Chermayeff
波浪形状，抽象标志，蓝色渐变，简单，简约，扁平化，矢量，伊万·切尔马耶夫风格
abstract logo of diamond, gradient, simple minimalistic, vector, in the style of Ivan Chermayeff
钻石，抽象标志，渐变，简单，简约，矢量，伊万·切尔马耶夫风格
abstract logo of geometric flower, flat, vector, purple and blue, radial repeating gradient, simple minimalistic, in the style of Ivan Chermayeff
花的几何形状，抽象标志，扁平化，矢量，紫色和蓝色，径向重复渐变，简单，简约，伊万·切尔马耶夫风格

重复风格在标志设计中运用得非常广，如径向重复（radial repeating）会基于原点和梯度进行辐射，只要用对提示语 Midjourney 很轻松就能完成。渐变风格在标志设计中也比较流行，在提示语中增加"颜色 + gradient"关键词就可以得到指定的渐变效果。当然，重复和渐变也可以一起使用。

通过前面几种与图形相关的标志类型设计，可以看到 Midjourney 能够较好地完成设计任务，也可以看到 Midjourney 在处理图中文字方面的局限性。

　　Midjourney 目前还不是很擅长字体标志类型的设计，但我们可以尝试一下字母标志类型的设计。此外，有很多传奇设计师在字体标志和字母标志领域做出了非常多的脍炙人口的作品，如保罗·兰德、索尔·巴斯、斯戴夫·盖斯伯勒、伊万·切尔马耶夫等，这些设计师的名字都可以融合到提示语中。

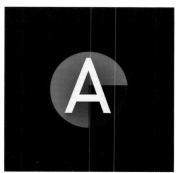

lettermark logo of letter A, typography, vector, simple minimalistic, in the style of Paul Rand
字母 A，字母标志，印刷体，矢量，简单，简约，保罗·兰德风格
lettermark logo of letter A, typography, vector, simple minimalistic, in the style of Saul Bass
字母 A，字母标志，印刷体，矢量，简单，简约，索尔·巴斯风格
lettermark logo of letter M, flat round typography, simple, in the style of Steff Geissbuhler
字母 M，字母标志，扁平圆形印刷，简单，斯戴夫·盖斯伯勒风格

　　在提示语中还可以融合一些渐变效果。

lettermark logo of letter A,
typography, purple gradient,
vector, simple minimalistic, in
the style of Paul Rand
字母 A，字母标志，印刷体，紫
色渐变，矢量，简单，简约，
保罗·兰德风格

从上面的例子可以看出，除了字体标志类型，其他常见的标志类型都能通过恰当的提示语生成不错的图片。

除了一般性标志，有时我们也会有设计移动应用标志的需求，要实现这些设计只需对前面的提示语稍加改动，关键词是 mobile app logo（移动应用标志），如果是 iOS 系统，还需要加上 rounded rectangle（圆角矩形）。

a mobile app logo of wave shape, rounded square, gradient,
simple minimalistic, flat, vector, in the style of Ivan Chermayeff
移动应用标志，波浪形状，圆角方形，渐变，简单，简约，扁平
化，矢量，伊万·切尔马耶夫风格
a mobile app logo of geometric flower, rounded rectangle, flat,
vector, radial repeating, simple minimalistic, in the style of Ivan
Chermayeff
移动应用标志，花的几何形状，圆角矩形，扁平化，矢量，径向
重复，简单，简约，伊万·切尔马耶夫风格

产品设计

　　工业设计是以工学、美学、经济学为基础对工业产品进行的设计，是对工业产品的使用方式、人机关系、外观造型等做设计和定义的过程。广义的工业设计包含了一切使用现代化手段进行生产和服务的设计过程。本节主要介绍工业设计中常见的工业设计的过程（草图、产品原型等）。

　　产品设计过程的草图一般是手绘风格，并且设计稿的比例通常是 3:2。

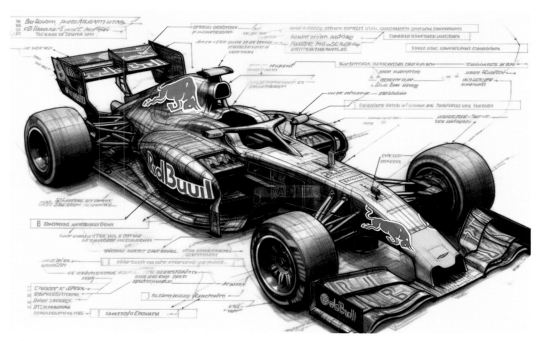

F1 car of Redbull Racing 2023 industrial design sketches, reference sheet, highly detailed --ar 3:2
2023 红牛 F1 赛车，工业设计草图，参考表格，非常详细，长宽比 3:2

如果你知道具体的产品型号，如红牛车队 F1 赛车 2023 版，通过提示语很容易得到一张漂亮的草稿。如果没有具体的产品型号，也可以通过一些提示语激发 Midjourney 的想象力。例如，我希望得到一张未来战车的设计草图，具有战斗机 F22 和特斯拉汽车的风格，Midjourney 给出了如下答案。

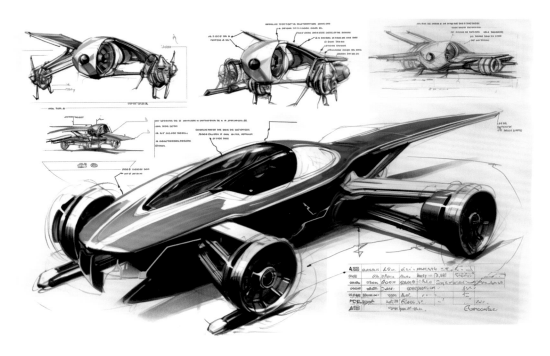

industrial design sketches of chariot in 2050, in the style of F22 and Tesla car, reference sheet, highly detailed --ar 3:2
2050 年战车，工业设计草图，F22 和特斯拉汽车风格，参考表格，非常详细，长宽比 3:2

又如，我希望得到一张未来主义智能马桶的设计草图，这次通过在提示语中增加描述，我在一张草图里呈现了多个视角。

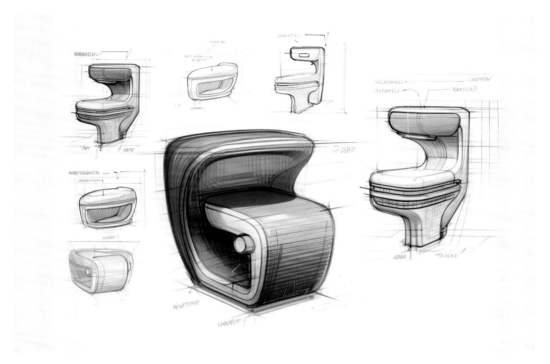

industrial design sketch of smart toilet, futuristic, high quality, front view, side view, back view, wireframes, sketches from different perspectives, colorful pencil thread manuscript --ar 3:2
智能马桶，工业设计草图，未来风格，高品质，前视图，侧视图，后视图，线框，不同角度的草图，彩色铅笔线手稿，长宽比 3:2

在一个项目中，往往在最终设计定稿前，都需要通过产品原型评估最后的设计方案，评估其性能、结构、操作、视觉等方面的合理性。通过关键词 prototype（原型），也能很轻松地渲染出产品原型。

在工业设计中，设计师往往喜欢用轴测图，这在 Midjourney 中可以通过 axon diagram 指定。此外，为了增加提示语的通用性，我们可以详细地指定细节和渲染质量，比如采用 octane render（辛烷渲染）这种专业的渲染方式。

industrial design prototype of smart toilet, volumetric light, futuristic, high quality, full shot, white and orange, white background

智能马桶，工业设计原型，立体灯光，未来风格，高品质，全景，白色和橙色，白色背景

coffee maker, 3D, modern, axon diagram, shades of white, brushed aluminum, gloss white, white background, 4k, grey scale, epic, cinematic, product design, industrial design, octane render --ar 3:2

咖啡机，3D，现代，轴测图，白色阴影，拉丝铝，光亮白色，白色背景，4k，灰度，史诗般的，电影般的，产品设计，工业设计，辛烷渲染，长宽比 3：2

你只要将上面提示语中的主体换成自己需要的，就能轻松生成高质量的工业插图。

wash machine, 3D, modern, axon diagram, shades of white, brushed aluminum, gloss white, white background, grey scale, epic, cinematic, product design, industrial design, octane render, 4k --ar 3:2
洗衣机，3D，现代，轴测图，白色阴影，拉丝铝，光亮白色，白色背景，灰度，史诗般的，电影般的，产品设计，工业设计，辛烷渲染，4k，长宽比 3:2

drone, 3D, modern, axon diagram, shades of white, brushed aluminum, gloss white, white background, grey scale, epic, cinematic, product design, industrial design, octane render, 4k--ar 3:2
无人机，3D，现代，轴测图，白色阴影，拉丝铝，光亮白色，白色背景，灰度，史诗般的，电影般的，产品设计，工业设计，辛烷渲染，4k，长宽比 3:2

hair dryer, 3D, modern, axon diagram, shades of white, brushed aluminum, gloss white, white background, grey scale, epic, cinematic, product design, industrial design, octane render, 4k,--ar 3:2

吹风机，3D，现代，轴测图，白色阴影，拉丝铝，光亮白色，白色背景，灰度，史诗般的，电影般的，产品设计，工业设计，辛烷渲染，4k，长宽比 3:2

motorcycle, 3D, modern, axonometric drawing, shades of white, brushed aluminum, gloss white, white background, grey scale, epic, cinematic, product design, industrial design, octane render, 4k, --ar 3:2

摩托车，3D，现代，轴测图，白色阴影，拉丝铝，光亮白色，白色背景，灰度，史诗般的，电影般的，产品设计，工业设计，辛烷渲染，4k，长宽比 3:2

你也可以通过简单的提示语生成一个产品模型。有时我们需要生成一些空白产品模型，只需要一个准确的关键词 mockup empty（空白模型）即可。

blank white skinny 20 oz tumbler, with straw, mockup, with grey backdrop, HD --no text
空白的白色 20 盎司水杯，带吸管，样机，灰色背景，高清，去掉文字

blank white iPhone 14, mockup, with grey backdrop, HD --no text
空白的白色 iPhone 14，样机，灰色背景，高清，去掉文字

mockup empty, hand wash bottle, on a cream marble, in the luxurious bathroom,4k
空白模型，洗手瓶，在奶油色大理石上，在豪华的浴室里，4k

mockup empty, blank billboard at the bus stop, in the middle of New York street
空白模型，空白广告牌，公交站台，纽约街头中央

室内设计

　　作为一个能快速验证想法的工具，Midjourney 不仅能够快速生成产品原型，也能够快速生成功能合理、舒适优美并具有建筑美学的室内设计方案。虽然 Midjourney 不能完全替代人类设计师，但是它能够帮助设计师大大提高工作效率和体验。

我们在设计户型时，往往会采用楼层平面图（floor plan）来描述每个房间的形状、大小以及家具摆放所呈现出的效果。只需要我们告诉 Midjourney 有几个房间、多大面积，然后等候约 1 分钟即可。

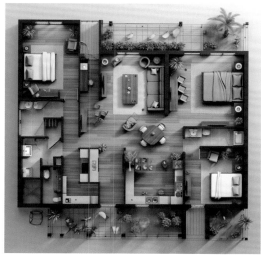

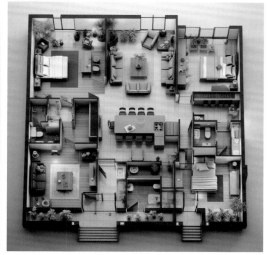

100 square meters floor plan, 3 bedroom,
1 living room, 2 bathroom, IKEA style decor
100 平方米平面图，一厅三卧两卫，
宜家装修风格

100 square meters floor plan, 3 bedroom,
1 living room, 3 bathroom, Muji style decor
100 平方米平面图，一厅三卧两卫，
无印良品装修风格

Midjourney 可以识别各种各样的室内设计风格，并为我们所用。我们只要在提示语中指定不同的风格，就可以获得风格迥异的图片。

interior design of a living room, Nordic style, blue and white --ar 4:3
客厅，室内设计，北欧风格，蓝色和白色、长宽比 4:3

interior design of a living room, bohemian style --ar 4:3
客厅，室内设计，波希米亚风格，长宽比 4:3

interior design of a bathroom, Hollywood regency style --ar 4:3
浴室，室内设计，好莱坞摄影风格，长宽比 4:3

interior design of a living room, Bauhaus style, dark green --ar 4:3
客厅，室内设计，包豪斯风格，深绿色，长宽比 4:3

interior design of a living room, maximalist style, dusk blue and terracotta and cantaloupe color --ar 4 : 3
客厅的室内设计，极简主义风格，黄昏蓝色、赤土色和哈密瓜色，长宽比 4 : 3

interior design of classroom, harry potter theme --ar 4 : 3
教室，室内设计，哈利·波特主题，长宽比 4 : 3

interior design of a bathroom, French style glossy ceramic granite and polished natural stone --ar 4 : 3
浴室，室内设计，法式光泽的陶瓷花岗岩，抛光的天然石材，长宽比 4 : 3

interior design of a coffee shop, shabby chic style, warm light --ar 4 : 3
咖啡厅，室内设计，破旧别致的风格，温暖的光照，长宽比 4 : 3

Midjourney 还能快速生成各种位置的室内设计图。想象你在洛杉矶马里布的海岸线上有一所房子，你希望你的房子室内有开放式厨房和客厅；在卧室里透过两面全景玻璃就能欣赏到日出日落、潮起潮息；浴室宽敞明亮，设计感满满还能一眼望到窗外的风景。这一切 Midjourney 都能帮你描绘出来。

interior design, open plan, kitchen and living room, modular furniture with cotton textiles, wooden floor, high ceiling --ar 2:3
室内设计，开放式，厨房和客厅，棉纺织品材质的模块化家具，木地板，高天花板，长宽比 2:3
the bedroom has large windows for the ocean view, in the style of Sebastian Errazuriz, landscape inspirations, high resolution, romantic landscape vistas, minimalist tendencies --ar 3:2
卧室设有海景大窗户，塞巴斯蒂安·埃拉苏里斯风格，景观灵感，高分辨率，浪漫景观，极简主义倾向，长宽比 3:2

3d rendering of bathroom with oversized white bathtub and windows, in the style of rounded forms, naturalistic lighting, sunrays shine upon it, 32k UHD, organic texture, subtle use of shading --ar 2：3

浴室，3D 渲染，配有超大白色浴缸和窗户，圆形风格，自然灯光，阳光照射其上，32k 超高清，有机纹理，阴影的微妙使用，长宽比 2：3

a bathroom with a circular window in the middle, in the style of realistic lighting, 32k UHD, Australian land-scapes, subtle atmospheric perspective, romantic use of light, futuristic organic, spot metering --ar 2：3

浴室，中间有圆形窗户，现实照明风格，32k 超高清，澳大利亚风景，微妙的大气透视，浪漫的光线运用，未来有机风格，点测光，长宽比 2：3

如果你还希望在厨房中看到一些不一样的东西，也可以让 Midjourney 帮你描绘出来。

a cool pop-art inspired kitchen with bright, eye-catching appliances and retro furnishings --ar 4 : 3
厨房，酷炫的波普艺术风格，配有明亮、引人注目的电器和复古家具，长宽比 4 : 3

　　安东尼奥·高迪是著名的建筑设计师，他的设计作品有圣家堂、米拉之家、桂尔宫、美景屋等。他的多项作品被联合国教科文组织列为世界文化遗产，也让巴塞罗那这座城市在建筑史上流光溢彩。对于曲线的运用是高迪风格的重要体现，高迪说过"直线属于人类，曲线属于上帝"。高迪在他的作品（如米拉之家和巴特略之家）中把曲线的运用发挥到了极致。

想要在图书馆的室内设计中指定高迪的风格，也非常简单。下面是 Midjourney 根据高迪的风格生成的图片。

library, interior design, Antonio Gaudi style --ar 3：2
图书馆，室内设计，安东尼奥·高迪风格，长宽比 3：2

可以发现，Midjourney 对曲线的大胆使用，再结合现代元素，已经在某种程度上把握了高迪的风格。

  隈研吾是日本著名建筑师，他的建筑作品风格独特，与自然融为一体，散发出东方的禅意。如果他来进行室内设计，会是什么样呢？下面是 Midjourney 根据隈研吾的风格生成的图片。

pools and falling water, large interior in the style of Kengo Kuma, Harmonious blend of natural elements and modern design, an eco-friendly structure --ar 4:3
水池和落水，大型室内设计，隈研吾风格，自然元素与现代设计的和谐融合，生态友好的结构，长宽比 4:3

　　莱奥·夏目是一位屡获殊荣的巴西设计师和插画家，致力于 UI/UX 设计、广告和视觉体验的创新项目，如果将他的风格元素融入室内设计，会是什么样呢？下面是 Midjourney 根据莱奥·夏目的风格生成的图片。

interior design of a studio, trending color palette, in the style of Leo Natsume, 3D illustration, pop up color, vibrant --ar 4 : 3
工作室，室内设计，流行调色板，莱奥·夏目风格，3D 插图，弹出式色彩，有活力的，长宽比 4 : 3

　　凯莉·韦斯特勒是美国优秀的独立女性设计师，被誉为美国"设计女王"，她以其独特的设计和开创的时髦精神氛围而闻名。下面是 Midjourney 根据凯莉·韦斯特勒的风格生成的图片。

interior design of a luxury bathroom, designed in the style of Kelly Wearstler, natural color scheme --ar 4∶3

豪华浴室，室内设计，凯莉·韦斯特勒风格，自然配色方案，长宽比 4∶3

建筑景观

　　在现代建筑设计中，建筑设计越来越依赖渲染后的效果图来表达和展示未建成的建筑。许多建筑师寻找经验丰富的 3D 效果图设计师来帮助他们选择最有利的角度来展示自己的设计。效果图的作用非常重要，将枯燥的图纸转化为令人信服的艺术形式，吸引各方利益相关者，向他们传达设计的内核。效果图将冰冷的图纸重塑为一个引人入胜的场景，让专业的建筑设计语言变得直观形象、通俗易懂。

　　正如建筑效果图公司 MIR 所说，建筑效果图描述的是还没有落成的建筑，也就是未来的建筑，往往融合了对未来场景的描绘和想象。Midjourney 比较适合这种想象力驱动的渲染任务，设计师可以通过不断地尝试、调整提示语得到一张张精美的效果图，这会大大节省设计师花在画图上的时间（这部分通常是最耗时且最辛苦的工作），从而让设计师将更多的精力投入概念生成、设计决策和设计管理相关的工作（这几项工作通常都是创意主导和决策主导）。

　　下面先看两个例子——沙漠中的别墅和海边的博物馆。再看一座充满未来感的建筑和一座鸟瞰视角透明的气泡建筑。

glossy white ceramic, Matte black Accents, futuristic, tailored, architectural villa, geometric, flowing, angular, desert landscaping, illuminated pool, accent lighting, sunrise, misty --ar 4:3

白色光泽陶瓷，黑色亚光点缀，未来主义，定制的，建筑别墅，几何形状，流动，有角度，沙漠景观，照明池，重点照明，日出，薄雾，长宽比 4:3

a museum on a rocky mountainside overlooking the crystal clear sea, majestic ports; light brown and azure; in the style of postmodern architecture and design, nostalgia, 4k --ar 4:3

一座位于岩石山坡上的博物馆，俯瞰着水晶般清澈的大海和雄伟的港口；浅棕色和天蓝色；后现代建筑和设计风格，怀旧，4k，长宽比 4:3

distant view, a modern building surreal concrete form, in the city, landmark, innovative, beautiful sunlight, hypersize --ar 4:3

远景，现代建筑，超现实混凝土形式风格，城市里，地标，创新，美丽的阳光，超大型，长宽比 4:3

bird eye view, bubble trans-parent houses, beside the beach, coral reefs theme --ar 4:3

鸟瞰图，泡泡透明房子，海边，珊瑚礁主题，长宽比 4:3

抽象风格可以大量运用曲线。

a large white building is decorated with a pattern of abstract white shapes on the wall, in the middle of the street, in the style of flowing fabrics, wavy resin sheets, explosion coverage, arched doorways, luxurious, beautiful lighting from inside --ar 4:3

巨大的白色建筑，在街道中央的墙上装饰着抽象的白色形状图案，其风格是流动的织物，波浪状的树脂片，爆炸覆盖，拱形门道，豪华，美丽的内部灯光，长宽比 4:3

好的效果图，往往也是一个好的故事讲述者，能让人展开想象。

giant whale hanging in the middle of a museum, in the style of photorealistic rendering, Sverre Fehn, dark, foreboding landscapes, commercial imagery, Norwegian nature, glass as material
悬挂在博物馆中间的巨鲸，采用真实感渲染风格，斯维勒·费恩风格，黑暗，不祥的风景，商业图像，挪威自然，玻璃材料

下面是一张用 Midjourney 生成的购物中心的效果图，指定风格受设计了三里屯 SOHO、虹口 SOHO 的设计师隈研吾的启发。

shopping mall in Beijing, water inspired glass facade and multiple balconies and outdoor terracing at different levels, inspired by Kengo Kuma, full shot --ar 4:3
北京购物中心，受水启发的玻璃幕墙和多个阳台以及不同楼层的户外露台，灵感来自隈研吾，全景，长宽比 4:3

　　隈研吾擅长将自然元素融入设计作品中，如果让隈研吾设计一座亲近自然的旅馆会是什么样子？下面是 Midjourney 根据隈研吾的风格生成的图片。

an eco-friendly hotel, in the style of Kengo Kuma, natural elements, botanical surroundings gardens --ar 4∶3

生态友好型酒店，隈研吾风格，自然元素，植物花园围绕，长宽比 4∶3

下面是一座用 Midjourney 生成的未来派摩天大楼和一座歌剧院的效果图，提示语中指定了风格受设计了银河 SOHO、望京 SOHO、丽泽 SOHO、凌空 SOHO 的传奇女设计师扎哈·哈迪德的启发。

futuristic skyscraper with a biomorphic design, lush vertical gardens, and soaring glass facade, inspired by Zaha Hadid, photographed in the style of Candida Höfer --ar 3:4
未来派摩天大楼，采用生物形态设计，郁郁葱葱的垂直花园和高耸的玻璃幕墙，灵感来自扎哈·哈迪德，坎迪达·霍费尔拍摄风格，长宽比 3:4
an opera house, in the style of Zaha Hadid, concrete and glass facade, natural light with warm tones, super resolution --ar 4:3
歌剧院，扎哈·哈迪德风格，混凝土和玻璃幕墙，自然光和暖色调，超高分辨率，长宽比 4:3

极简主义风格在建筑效果图中也适用。下面是用 Midjourney 生成的两张图片，在提示语中不只指定了建筑师勒·柯布西耶风格，还特意指明了建筑摄影师埃兹拉·斯托勒拍摄风格，这让图片的渲染效果有了非常大的变化。在建筑效果图中指定不同风格的摄影师，会显著改变渲染风格（技巧 7 ）。

minimalist concrete structure with geometric forms and dramatic shadows, inspired by brutalist style, in the style of Le Corbusier, full shot, photographed in the style of Ezra Stoller --ar 4:3
极简主义混凝土结构，具有几何形式和戏剧性的阴影，灵感来自野兽派风格，勒·柯布西耶风格，全景，埃兹拉·斯托勒拍摄风格，长宽比 4:3

a concrete science museum over a serene body of water, in the style of Le Corbusier, minimal,photographed in the style of Ezra Stoller --ar 4:3
宁静水面上的一座混凝土科学博物馆，勒·柯布西耶设计风格，最小化，埃兹拉·斯托勒拍摄风格，长宽比 4:3

路德维希·密斯·凡·德·罗是著名的现代主义建筑大师，也是包豪斯建筑学校最后一任校长，他尤其擅长建筑设计与室内设计，是"少即是多"的提出者。下面是 Midjourney 根据路德维希·密斯·凡·德·罗的风格生成的图片。

house with glass and mirrors and grid columns, light and modern and transcendent, inspired by Ludwig Mies van der Rohe, photographed in the style of Ezra Stoller, color photography --ar 4:3
房子配有玻璃，镜子和网格柱，光线明亮，现代且超凡脱俗，灵感来自路德维希·密斯·凡·德·罗，埃兹拉·斯托勒拍摄风格，彩色摄影风格，长宽比 4:3

glass wall tree house, in the style of Ludwig Mies van der Rohe, on a gigantic tree, monumental architecture, organic forms, surrounded by breathtaking views and impressed in nature, beautiful sunlight, transcendent, photographed in the style of Ezra Stoller --ar 4:3
玻璃墙树屋，路德维希·密斯·凡·德·罗风格，位于一棵巨大的树上，具有纪念意义的建筑，有机形式，周围环绕着令人惊叹的景色，在自然中留下深刻印记，美丽的阳光，超凡脱俗，埃兹拉·斯托勒拍摄风格，长宽比 4:3

　　弗兰克·欧文·盖里是著名的加拿大裔美国建筑师，他的设计充满了跳动和扭曲的感觉，他的很多作品都是旅游打卡胜地。下面是 Midjourney 根据弗兰克·欧文·盖里的风格生成的图片。

a hotel in unusual shape, in the style of Frank Owen Gehry, in the urban city --ar 4 : 3
一座形状不寻常的酒店，弗兰克·欧文·盖里风格，在城市里，长宽比 4 : 3

圣地亚哥·卡拉特拉瓦是一位西班牙建筑师，人称"建筑诗人"。他设计了雅典奥林匹克体育中心。下面是 Midjourney 根据圣地亚哥·卡拉特拉瓦的风格生成的图片。

intricate lattice framework, a contemporary cultural center, sun shining through, designed in the style of Santiago Calatrava, photo in the style of Iwan Baan --ar 4∶3

错综复杂的格子框架，一个当代文化中心，阳光透过，圣地亚哥·卡拉特拉瓦风格，伊万·巴恩拍摄风格，长宽比 4∶3

下面是一张 Midjourney 融合前面介绍过的三位顶级建筑设计师的风格生成的图片。

stunning futuristic biophilic house, organic twisting biomimetic fractal architecture, designed in the style of Frank Lloyd Wright and Zaha Hadid and Frank Owen Gehry, beside the beach, tropical environment --ar 4∶3

令人惊叹的未来风格，生物亲和设计的房屋，有机扭曲仿生分形建筑，弗兰克·劳埃德·赖特、扎哈·哈迪德和弗兰克·欧文·盖里风格，位于海滩旁边，热带环境，长宽比 4∶3

动漫

随着二次元文化的兴起，动漫和游戏日渐成为大众娱乐中不可或缺的一部分，其独有的视觉体验带来了大量拥趸。Midjourney 能通过提示语生成动漫风格的图片，效果不错。但是，毕竟动漫是一类特殊的任务类型，在模型设置环节，Midjourney 专门为动漫类型的任务准备了一个专用模型 Niji，这个模型是由 Midjourney 与 Spellbrush 联合开发的。Spellbrush 是最早的二次元生成器 waifu-diffusion 背后的技术团队，与 Midjourney 联合打造的 niji·journey 被称为"最强二次元生成器"。

严格来说，niji·journey 并不只是一个模型，还和 Midjourney 一样是一个产品，它有自己的官网，在 Discord 也有自己独立的频道，只是在 Midjourney 中也可以选择 Niji 模型完成图片生成任务。

因为 Midjourney 社区与 niji·journey 的社区发展相对独立，并且在 niji·journey 频道中可以指定 niji·journey 独有的风格，所以使用 niji·journey 的最佳方式是在 niji·journey 频道中完成图片的生成。niji·journey 的交互方式与 Midjourney 完全相同，订阅也是共享的，所以读者并不需要额外的学习成本，只需要加入 niji·journey 频道。想要通过发私信给 niji·journey Bot 的方式完成交互，需要将 niji·journey Bot 加入自己的私信列表。

在如下左图中，在私信搜索框搜索"niji"，并点击 niji·journey Bot 就可以与它私信了，如下右图所示。本节的所有图片均通过与 niji·journey Bot 交互生成，如果要生成非动漫类型的图片，读者记得切换到 Midjourney Bot。

2023 年 4 月 niji·journey 发布了 Niji 5，并开启了为期 4 周的 "niji style event" 活动，每周发布一种风格，可谓赚足了粉丝眼球，吊足了粉丝胃口。算上第一周和 Niji 模型一起发布的 Default 风格，Niji 5 一共有 4 种风格，即 Default 风格、Expressive 风格、Cute 风格和 Scenic 风格。

同样，你可以通过 /settings 命令设定风格。风格选项是 niji · journey 独有的参数选项，也是影响 Niji 模型生成图片效果最重要的参数。每种风格都有其自己的特点，当然，还是正宗二次元的感觉。

当 "niji style event" 活动告一段落后，在 2023 年 5 月末，niji · journey 出人意料地又更新了风格列表，推出了新的 Default 风格，并将原来 "niji style event" 活动发布的 Default 风格更名为 Original 风格，所以现在风格列表里一共有 5 种风格供大家参考。为了和最新产品统一，下文会用 Original 风格指代旧的 Default 风格，而将新的 Default 风格称为 Default 风格。

在很多情况下，Original 风格都能满足需求，它是"niji style event"活动最先推出的风格，和 Niji 5 一起发布，代表了 Niji 5 的绘画水平，相比于 Niji 4，Niji 5 的 Original 风格提升主要体现在以下几个方面：

- 明暗界限更加分明；
- 统一的阴影和光线；
- 精确的细节；
- 手部改善。

简单来说，Midjourney 5 的 Original 风格画面更干净、细节更准确。下面是几张用 Original 风格生成的作品。

grassland fantasy landscape, night sky, fireflies, Ghibli style --ar 4∶3
草原奇幻风景，夜空，萤火虫，吉卜力风格，长宽比 4∶3

beautiful illustration of a girl floating in the air, looking at viewer, fantasy flying island, aerial shot, wide angle, fish-eye lens --ar 3:4
美丽的插图，一个女孩飘浮在空中，看着观众，幻想的飞在空中的岛屿，空中拍摄，广角，鱼眼镜头，长宽比 3：4

interior design, open plan, kitchen and living room, modular furniture with cotton textiles, wooden floor, high ceiling --ar 3:4
室内设计，开放式，厨房和客厅，棉纺织品材质的模块化家具，木地板，高天花板，长宽比 3：4

　　Expressive 风格是"niji style event"活动第二周推出的风格。Expressive 风格为角色设计提供了更成熟的外观和更逼真的灯光效果，整体审美更偏向西方审美，也更成熟。这种新风格具有以下几个特点：

- 更逼真的眼睛风格；
- 自然的皮肤外观；

- 环境光遮蔽（这是一种 3D 渲染技术，可以使物体的阴影更逼真）；
- 高色度（使图片具有温暖和华丽的外观）。

为了生成下面这张图，我在提示语中指定了是中国模特（即便如此，模特的整体容貌还是有些偏向西方审美），阴影和皮肤看起来都非常自然。我还在提示语指定了游戏引擎，来影响渲染质量（技巧 8）。

outstanding beauty of a Chinese model in wonderland, perfect fit body, alluring, flirty, stunning, intricately detailed, beautifully color-coded, unreal engine, octane render, natural romantic lighting --ar 4∶3
令人惊叹的中国模特，仙境，完美身材，迷人的，性感的，极佳的，错综复杂的细节，精美的颜色编码，unreal 引擎，辛烷渲染，自然浪漫的灯光，长宽比 4∶3

如果去掉提示语中代表 3D 渲染的关键词 unreal engine，Expressive 风格（右图）比 Original 风格（左图）的特点更鲜明。

a beautiful and cute girl with very short bob cut, red hair, green eyes, drinking the beer in a bar, in the style of red, realistic and romantic, wavy, smooth and shiny, curvilinear --ar 3 : 4
一个美丽可爱的女孩，短波波头，红头发，绿眼睛，在酒吧喝啤酒，红色风格，现实浪漫，波浪，光滑闪亮，曲线，长宽比 3 : 4

这种偏真实和立体的风格可以用在很多场景，如杂志封面、陶土模型、手办等。

beautiful detailed fashion magazine style, pink hair girl wearing pastel decora fashion with ice cream, intricate illustration, shimmer, iridescent, light particles, dynamic angle, pink theme, blonde hair, twintails, glossy, shiny clothes, 8k, upper body focus --ar 3∶4
美丽细致的时尚杂志风格，粉红头发的女孩穿着柔和的时尚服饰，拿着冰激凌，复杂的插图，闪光，彩虹色，光粒子，动态角度，粉红色主题，金发，双马尾，光泽，闪亮的衣服，8k，上半身焦点，长宽比 3∶4

clay 3D model of anime girl, cat ear hoodie, iridescent, pastel color, super deformation, intricate detail, 3D render, octane render, 8k, full body, vibrant color --ar 3∶4
动漫女孩黏土 3D 模型，猫耳连帽衫，彩虹色，柔和的色彩，超级变形，复杂的细节，3D 渲染，辛烷渲染，8k，全身，鲜艳的色彩，长宽比 3∶4

beautiful detailed figure of a girl, spiral water effect, fish, iridescent, octane render, intricate detail, 3D, ray tracing, 8k, colorful, vibrant color, depth of field, full body, centered --no out of frame, text, logo --ar 3:4

细致的美丽女孩形象，螺旋水效果，鱼，虹彩，辛烷渲染，复杂的细节，3D，光线追踪，8k，多彩，鲜艳的色彩，景深，全身，居中，去掉外框架，文本，标志，长宽比 3:4

Cute 风格是 "niji style event" 活动第三周推出的风格。Cute 风格给人以轻松愉快的感觉，常常让人会心一笑，就像《间谍过家家》的阿尼亚一样。Cute 风格有以下几个特点。

- 可爱的眼睛风格：人物眼睛显著，面部超级可爱。
- 平面着色：图片具有较少的 3D 特征，风格更偏向于 2D。
- 负空间：使用留白空间来强调构图。
- 强大的细节：图片具有更多图形外观和细节。

Cute 风格生成的图片有着强烈的风格元素。下面这几张图展示了 Cute 风格的一些特性，如眼睛风格、负空间（第三张图）以及平面着色。

a girl with pink hair with an ice cream and a cat beside her, in Tokyo street --ar 4:3
东京街头，一个粉红色头发的女孩，手里拿着冰激凌，旁边有一只猫，长宽比 4:3
a group of puppies running along the beach --ar 4:3
一群小狗沿着海滩奔跑，长宽比 4:3
an owl studying for an exam, focused, reading books, negative space --ar 4:3
一只猫头鹰正在为考试而学习，专注，读书，负空间，长宽比 4:3
a girl in traditional Japanese clothing, with a white wolf beside her, standing in front of a magical red temple, art germ --ar 4:3
一个穿着传统日本服装的女孩，旁边有一只白狼，站在神奇的红色寺庙前，艺术萌芽，长宽比 4:3

日本粉彩与可爱风格非常契合。

intricate illustration of pink hair girl wearing pastel decora fashion, ice cream, sweets, shimmer, iridescent, light particles, cake, strawberries, fruits, twin tails, glossy, shiny clothes; pink theme; beautiful detailed fashion magazine style, dynamic angle, 8k --ar 4：3
复杂插图，粉红色头发女孩穿着柔和的时尚装饰，冰激凌，糖果，闪光，虹彩，轻颗粒，蛋糕，草莓，水果，双马尾，光滑，闪亮的衣服；粉色主题；精美细致的时尚杂志风格，动态角度，8k，长宽比 4：3
chinese ink painting of futuristic knight girl, in the style of Yoshitaka Amano, Final Fantasy XIV, intricate design, black and white and red illustration, ink blot --ar 3：4
未来风格骑士女孩，中国水墨画，天野喜孝风格，最终幻想 XIV 风格，复杂的设计，黑白和红色插图，墨迹，长宽比 3：4

　　下面是水彩的运用——水彩画和水彩涂鸦。可爱的风格不光体现在人身上，连物品都变得可爱了。

clear vector of water color line art graphic
illustration, A girl in a messy room --ar 3∶4
水彩线条艺术图形插图，清晰矢量，
凌乱房间里的女孩长宽比 3∶4

clear vector graphic illustration, A girl in a dining
room, potted plant, hanging plants --ar 3∶4
清晰的矢量图形插图，餐厅里的女孩，盆栽植物，
悬挂植物长宽比 3∶4

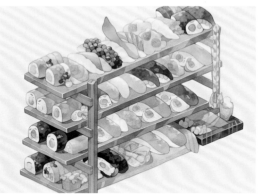

watercolor scribble of Chibi girl with cat, simple design, clear color, cel-shading, messy line art, muted color --ar 4:3

赤壁女孩与猫，水彩涂鸦，简单的设计，清晰的颜色，卡通着色，凌乱的线条艺术，柔和的颜色，长宽比 4:3

isometric watercolor illustration of sushi set, pastel color, 3D render --ar 4:3

寿司，等距水彩插图，柔和的色彩，3D 渲染，长宽比 4:3

　　"niji style event" 活动发布的最后一种风格是 Scenic 风格，如果你需要为生动场景制作精彩的视觉效果，如漫画书、海报、明信片等，Scenic 风格就非常适合。以这种风格生成的图片银幕感非常强，包含的故事信息也非常多。Scenic 风格有以下几个特点：

- 对人物面部的刻画与 Original 风格相同；
- 3D 光照模型和 Expressive 风格相同；
- 图形风格与 Cute 风格相同。

　　所以，从某种意义上说，Scenic 风格是 Original 风格、Expressive 风格和 Cute 风格这 3 种风格的综合。

与之前的风格相比，Scenic 风格更关注背景，并且环境视野也比其他风格更广阔。将 Cute 风格第一个示例中的提示语改为 Scenic 风格重新尝试，会得到下面这张图片。

a girl with pink hair with an ice cream and a cat beside her, in Tokyo street --ar 4∶3
东京街头，一个粉红色头发的女孩，手里拿着冰激凌，旁边有一只猫，长宽比 4∶3

　　可以看到，画面中的背景更加丰富和清晰，人物风格与 Cute 风格类似。对于知名景点，Scenic 风格很适合制作明信片类的图片。

Himeji Castle, autumn --ar 4∶3
姬路城，秋天，长宽比 4∶3

Fuji Mountain, winter --ar 4∶3
富士山，冬天，长宽比 4∶3

Kintetsu Beppu Ropeway, spring --ar 4∶3
近铁别府索道，春天，长宽比 4∶3

Sagano Bamboo Forest, summer --ar 4∶3
嵯峨野竹林，夏天，长宽比 4∶3

对于宏大背景或者比较精细的背景，Scenic 风格是很擅长的。

a warrior is facing a giant wolf, wolf in the mist only eyes visible, heroic --ar 3∶4
战士面对巨龙，狼在雾中只有眼睛可见，英勇的，长宽比 3∶4
a shojo anime kitsune girl with a white dragon, in front of a red temple, wonder cultural themes, fantasy --ar 4∶3
一个少女动漫中的狐妖女孩与一条白龙，在一座红色寺庙前，奇幻文化主题，幻想，长宽比 4∶3

　　现在我们已经了解了"niji style event"活动发布的 4 种风格，也对每种风格适用的场景有了感性的认识。下面用一组图片展示一下基于相同的提示语，仅变换风格元素带来的不同感受。

a girl with red hair, under Sakura trees, big hair --ar 3：4
一个红头发的女孩，在樱花树下，长头发，长宽比 3：4

Expressive 风格（左图）与 Cute 风格（右图）的对比如下。

grim reaper with scythe --ar 4：3
拿着镰刀的死神，长宽比 4：3

Scenic 风格（左图）与 Cute 风格（右图）的对比如下。

two power Armored Female Warriors in outer space --ar 4：3
外太空两位动力装甲女战士，长宽比 4：3

简单总结一下，Original 风格最为平衡，适用场景最为广泛；Scenic 风格与其接近，但是 Scenic 风格更专注于对背景的深度和精细度的刻画，画面银幕感很强；Cute 风格最为独特，平面着色、负空间运用、独特的眼睛是其标识；Expressive 风格的人物刻画接近于西方审美，且更有立体感。

最后，我们来看 Niji 5 的最后一种风格——Default 风格，这也是最新发布的风格。niji・journey 团队认为这种风格更贴近于用户想要的风格，所以将其命名为 Default 风格。Default 风格有以下几个特点：

- 丰富而鲜艳的色彩；
- 更复杂的细节；
- 更优秀的光照；
- 更精致，更有艺术气息。

新的 Default 风格（左图）和 Original 风格（右图）的对比如下。

beautiful detailed figure of a girl, spiral water effect, fish, iridescent, octane render, intricate detail, 3D, ray tracing, 8k, colorful, vibrant color, depth of field, full body, centered --no out of frame, text, logo --ar 3:4

细致的美丽女孩形象，螺旋水效果，鱼，虹彩，辛烷渲染，复杂的细节，3D，光线追踪，8k，多彩，鲜艳的色彩，景深，全身，居中，去掉外框架，文本，标志，长宽比 3:4

这里将之前 Scenic 风格示例中的女孩和白龙的场景用 Default 风格生成。

a shojo anime kitsune girl with a white dragon, in front of a red temple, wonder cultural themes, fantasy --ar 4:3

一个少女动漫中的狐妖女孩与一条白龙，在一座红色寺庙前，奇幻文化主题，幻想，长宽比 4:3

对比 Default 风格和 Scenic 风格可以发现，Default 风格输出的图片的复杂程度、光照的提升很明显，且色彩的丰富程度也提升了不少。

ariel shot of Shibuya street, in the style of Hayao Miyazaki --ar 4∶3
涩谷街景，鸟瞰，宫崎骏风格，长宽比 4∶3

在学习了这 5 种风格后，相信你已经跃跃欲试。当然，你可以使用第 2 章中介绍的通用模板，光照、视角、风格都同样适用。另外，二次元的世界丰富多彩，在不同年代流行着不同的动漫风格，其间活跃的不少漫画家与艺术家都留下了经典的作品和角色，这些都能为我们所用。

我们先来看几组简单的对比。下面这组图片是光照带来的不同，如立体光照、动态光照、霓虹灯光照等。

full body side view of a beautiful female wearing cyberpunk style suit on a ledge of a building overlooking the city, intricate details; golden hour lighting; hyperrealism, cinematic, 8k --ar 3∶4
穿着赛博朋克风格服装的美丽女性坐在俯瞰城市的建筑物的壁架上，全身侧视图，错综复杂的细节；黄金时段灯光；超现实主义，电影，8k，长宽比 3∶4
full body side view of a beautiful female wearing cyberpunk style suit on a ledge of a building overlooking the city, intricate details; neon lights reflections, reflection mapping, dramatic lighting; hyperrealism, cinematic, 8k --ar 3∶4
穿着赛博朋克风格服装的美丽女性坐在俯瞰城市的建筑物的壁架上，全身侧视图，错综复杂的细节；霓虹灯反射，反射贴图，戏剧性灯光；超现实主义，电影，8k，长宽比 3∶4
full body side view of a beautiful female wearing cyberpunk style suit on a ledge of a building overlooking the city, intricate details; volumetric light; hyperrealism, cinematic, 8k --ar 3∶4
穿着赛博朋克风格服装的美丽女性坐在俯瞰城市的建筑物的壁架上，全身侧视图，错综复杂的细节；体积光；超现实主义，电影，8k，长宽比 3∶4

下面这组图片表现的是不同的细节程度带来的不同。这组图片还指定了色调（紫色和绿色）、风格（小丑朋克、漫画艺术）与视角。

a magical girl with colorful glasses and red blond hair, fine details; purple and green, polka dot madness, bold manga lines; in the style of clownpunk, comic art; medium shot --ar 3:4
戴着彩色眼镜，红金发的魔法少女，细节精致；紫色和绿色，疯狂的圆点，大胆的漫画线条；小丑朋克，漫画艺术风格；中景，长宽比 3∶4
a magical girl with colorful glasses and red blond hair, intricate details; purple and green, polka dot madness, bold manga lines; in the style of clownpunk, comic art; medium shot --ar 3:4
戴着彩色眼镜，红金发的魔法少女，细节错综复杂；紫色和绿色，疯狂的圆点，大胆的漫画线条；小丑朋克，漫画艺术风格；中景，长宽比 3∶4

与 Midjourney 一样，不同的光照、色调、视角、细节程度都会显著影响 niji·journey 生成的画面。与艺术流派或者艺术运动类似，动漫风格也有很多，如萌系风格、少年动漫风格、卡哇伊动漫风格、赤壁风格、写实风格、机甲动漫风格。比较流行的《火影忍者》和《鬼灭之刃》都属于少年动漫风格，《城市猎人》和《猫眼三姐妹》属于写实风格等。下面来看看这些动漫风格对画面的影响。

除了动漫风格，时间也是影响画面风格的重要因素。回过头来看看这几十年流行过的动漫，从《七龙珠》到《海贼王》，再到《鬼灭之刃》，画面风格已经大不相同，不同年代活跃着不同的作者和作品。通过指定时间、作者、作品相关的关键词，能让 niji·journey 呈现出相应的画面风格。

a samurai in Moe Anime style --ar 3：4
武士，萌系动漫风格，长宽比 3：4

a samurai in Shonen Anime style --ar 3：4
武士，少年动漫风格，长宽比 3：4

a samurai in Chibi Anime style --ar 3：4
武士，赤壁动漫风格，长宽比 3：4

a samurai in Jidaimono Anime style --ar 3:4
武士，现代剧动漫风格，长宽比 3:4

a samurai in Mecha Anime style--ar 3:4
武士，机甲动漫风格，长宽比 3:4

a samurai in J Horror Anime style --ar 3:4
武士，日式恐怖动漫风格，长宽比 3:4

1980s anime, man and woman having coffee at a coffee shop, retro fashion, muted pastel colors, in the style of Tsukasa Hojo and Toshihiro Kawamoto --ar 4:3
1980 年代的动漫，男人和女人在咖啡店喝咖啡，复古时尚，柔和的色彩，北条司和川元利浩风格，长宽比 4:3

1980s anime, girl fixing a mech, retro fashion, muted retro colors, style of Dragons Heaven
1980 年代动漫，修理机甲的女孩，复古时尚，柔和的复古色彩，龙之天堂风格，长宽比 4:3

1980s anime, a man is fixing a motorbike, retro fashion, muted retro colors , in the style of Tsukasa Hojo --ar 4 : 3 --s 100
1980 年代动漫，一个男人正在修理摩托车，复古时尚，柔和的复古色彩，北条司风格，长宽比 4 : 3
1980s anime, office girl at desk, muted pastel colors, in the style of Yoshiaki Kawajiri --ar 4 : 3
1980 年代动漫，办公桌前的办公室女郎，柔和的色彩，川尻善昭风格，长宽比 4 : 3

　　retro、1980s anime 这类关键词对画面的影响很大，可以使画面呈现出复古的感觉，niji・journey 还能识别 1970s anime、1980s anime、1990s anime 之类的关键词。

　　下面右侧图片对应的提示语中指定了风格化参数为 90（风格化参数对 Niji 5 同样适用），这意味着不需要 niji·journey 自由发挥，这样最后的画面才会很干净（技巧 9）。前面男人修摩托的那张图中，也用到了相同的技巧。

isometric, overhead view of a beach, dawn light, 1990s anime retro nostalgia, bluest water, masterpiece, ultimate details --ar 4:3

等距，海滩俯视图，黎明之光，1990 年代动漫复古怀旧，最蓝的水，杰作，终极细节，长宽比 4:3

a girl sitting on surfboard,dawn light, 1980 1990 anime retro nostalgia, bluest water, masterpiece,ultimate details --s 90 --ar 3:4

一位女孩坐在冲浪板上，黎明之光，1980 和 1990 动漫复古怀旧，最蓝的水，杰作，终极细节，长宽比 3:4

　　如果想让画面呈现出一些未来感，也可以用一些特定的关键词，如 chromatic aberration（色差）、holographic（全幻彩）、iridescent opaque thin film RGB（虹彩不透明薄膜）、transparent vinyl clothing（透明彩色乙烯基服装）、transparent PVC（透明 PVC）、reflective clothing（反光服装）、futuristic clothing（未来派服装）。

anime girl, headphone, wearing transparent PVC jacket in Tokyo city center, colorful reflective fabric inner, hyper detailed; Pixiv, Harajuku fashion, futuristic fashion --ar 4：3
动漫女孩，耳机，穿着透明 PVC 夹克在东京市中心，彩色反光面料内里，超细致；Pixiv 风格，原宿时尚，未来时尚，长宽比 4：3

an anime girl, looking at viewer, bubbles, highly detailed, wearing reflective transparent iridescent opaque jacket, long transparent iridescent RGB hair --ar 3：4
动漫女孩，看着观众，气泡，高度细节，穿着反光透明虹彩不透明夹克，透明虹彩，RGB，长头发，长宽比 3：4

an anime girl on train, aesthetic, wearing transparent color vinyl and chromatic aberration jacket, highly detailed, reflections, transparent iridescent opaque RGB, masterpiece --ar 4:3
火车上的动漫女孩，美学的，穿着透明彩色乙烯基和色差夹克，非常详细，反光，透明虹彩不透明，RGB，长宽比 4：3

另外，还有一些著名的动画师、艺术家或者工作室，如新海诚、宫崎骏、吉卜力等，niji·journey 都能很好地呈现他们的风格。

coffee shop beside the beach, beautiful blue sky and cloud, in the style of Makoto Shinkai --ar 4∶3
海滩边的咖啡店，美丽的蓝天白云，新海诚风格，长宽比 4∶3

ariel shot of Floating Castle in the air, in the style of Hayao Miyazaki --ar 4∶3
空中城堡，鸟瞰镜头，宫崎骏风格，长宽比 4∶3

a girl in traditional Japanese clothing, with a white wolf beside her, standing in front of a red temple, art germ, in the style of Studio Ghibli --ar 4∶3
一个穿着传统日本服装的女孩，旁边有一只白狼，站在红色寺庙前，艺术萌芽，吉卜力工作室风格，长宽比 4∶3

　　目前本节出现的图片主要是动画（anime）类型，漫画（manga）类型 niji·journey
也非常擅长。

a man is playing poker, manga drawing in the
style of CLAMP, b&w --ar 3∶4
一个男人正在玩扑克，CLAMP 风格，黑白，
长宽比 3∶4

woman, manga in the style of Junji Ito,
b&w --ar 3∶4
女人，伊藤润二风格，黑白，长宽比 3∶4

　　这两张图片中左图选用了 CLAMP 的华丽风格，其代表作有《X》《东京巴比伦》《圣传》等；右图选用了著名恐怖漫画作家伊藤润二的风格，其代表作有《富江》。如果想要这种黑白漫画效果，需要在提示语中加上关键词"b&w"（技巧 10）。

　　和漫画相关的关键词有 manga drawing（漫画绘画）、manga shading（漫画底纹）、manga screentone（漫画屏幕色调）、with largely and widely spaced dots（大面积且间距较大的点）、with halftone pattern（半色调图案）、manga comic strip（漫画连环画）等。

fierce fight, magic attack, manga in the style of Eiichiro Oda, b&w --ar 4:3
激烈的战斗，魔法攻击，尾田荣一郎风格，黑白，长宽比 4:3
a man like Jack Sparrow, manga screen tones, screen tone patterns, dot pattern, larger and more widely-spaced dots, high-quality --ar 4:3
像杰克·史派罗的男子，漫画屏幕色调，屏幕色调图案，点图案，更大且间距更宽的点，高质量，长宽比 4:3

　　上面这张打斗场景的图片选用了《海贼王》作者尾田荣一郎的风格。此外，还可以在画面中融合经典电影中的角色。

再介绍一种有趣的漫画书页风格，采用这种风格可以绘制出连续的故事分镜页面。

a page from a comic book with sailor fighting with bad guys, featured on Pixiv, underground comix, concept art --ar 3：4 --ar 3：4

水手与坏人战斗，漫画书中的一页，精选自 Pixiv，地下漫画，概念艺术

彩蛋2

niji·journey 是支持中文和日文的，大家赶快去试试吧！

摄影

　　照片风格算是 Midjourney 的默认风格，也就是说，如果在提示语中没有对画面风格进行特别说明，生成的图片往往是以照片的形式呈现。第 2 章介绍的通用模型，从一个摄影师的角度呈现也很自然，先决定要拍什么、画面的主体是什么、周围的环境是什么，然后决定画面的光影、氛围，最后确定画面之外的一些因素，如艺术风格等。

　　本节内容主要围绕照片和摄影，对通用模板进行一些扩展，将影响画面效果的一些新因素加入通用模板中，如相机、镜头、摄影者、年代等，并对之前的元素，如光照、视角，进行一些扩展。由于 RAW 模式在摄影风格图片上有一定优势，本节默认在提示语中开启 RAW 模式。

21 years chinese beautiful girl, in school, long black hair, taken on polaroid --ar 4 : 3
21 岁中国美丽女孩，在学校，黑色长发，用拍立得拍摄，长宽比 4 : 3
21 years chinese beautiful girl, in school, long black hair, sun light, highly detailed, smooth light, 8k, taken on a Canon EOS 5D Mark IV --ar 4 : 3
21 岁中国美丽女孩，在学校，黑色长发，阳光，高度细节，平滑光线，8k，用 Canon EOS 5D Mark IV 拍摄，长宽比 4 : 3

　　既然是摄影，那么影响画面的元素有很多，如相机、胶卷、镜头、曝光和焦点。首先是相机，相机选择非常多，有很多经典的机型，例如，在第 2 章中我们已经使用过的 Go Pro。下面一组图片使用了宝丽来、佳能和索尼的几款经典机型。

selfie of a happy Dachshund, fish-eye view, shot on Sony Alpha a7 III --ar 4∶3
快乐腊肠犬的自拍照，鱼眼视图，用 Sony Alpha a7 III 拍摄，长宽比 4∶3

如果想要拍摄具有电影质感的画面，这些照相机还不太够，需要用到电影拍摄级别的设备，如 Sony CineAltaV、Canon Cinema EOS、Phantom High-Speed Camera、Blackmagic Design Camera、Arri Alexa、DJI Phantom 4 Pro drone camera 等。有些摄影机是专用于某些场景的，例如大疆的精灵 4 一般用于鸟瞰视角，Phantom High-Speed Camera 往往用于高速场景。

drone photography, Faroe, cumulus clouds, Rocky cliffs, grass, ocean, Chiaroscuro, waterfall; aerial view, HDR, intricate, shot on DJI Phantom 4 Pro drone camera --ar 4:3
无人机摄影，法罗群岛，积云，岩石悬崖，草地，海洋，明暗对比，瀑布；鸟瞰图，HDR，复杂，用 DJI Phantom 4 Pro 无人机相机拍摄，长宽比 4:3
a village with boats and mountains, in the style of the San Francisco renaissance, 32k UHD, realist detail, detailed marine views, exotic,shot on Canon Cinema EOS --ar 4:3
村庄，船和山，旧金山文艺复兴时期的风格，32k 超高清，现实主义细节，详细的海洋景观，异国情调，用 Canon Cinema EOS 拍摄，长宽比 4:3

surreal cinematic motion blur shot, explosive, car with a fast shutter speed, explosive, fisheye view, shot on Phantom high-speed camera --ar 4:3

超现实电影运动模糊镜头，爆炸，汽车，高速快门，爆炸，鱼眼视图，用 Phantom 高速摄像机拍摄，长宽比 4:3

fireman walking into the building, full shot, mist surrounding him, veils of smoke, shot on Blackmagic Design Camera --ar 3:4

消防员走进建筑物，全景镜头，雾气围绕，烟雾缭绕，用 Blackmagic Design 相机拍摄，长宽比 3:4

　　不同的相机往往有自己擅长的场景，如 Canon EOS 5D Mark IV 适合人像和静物风景，而 Canon EOS-1D X Mark II 适合动作类的摄影，需要大家自己去尝试不同的组合，才能得出最好的效果（技巧 11）。

　　除了相机，胶卷也能对画面的色彩和光照产生影响，柯达公司生产了很多民用和专业胶卷，现在我们都可以将其添加到提示语中。

Japanese neon street at night, wet street, professional color grading, soft shadows, shot on Kodak Gold 200 --ar 4:3
日本霓虹灯街道，夜晚，潮湿的街道，专业调色，柔和的阴影，用 Kodak Gold 200 拍摄，长宽比 4:3

　　Tri-x 400 是一款非常经典的黑白胶卷，风行全球，经久不衰。

photo of rice terraces, shot on Kodak Tri-x 400 --ar 4：3
水稻梯田照片，用 Kodak Tri-x 400 拍摄，长宽比 4：3

　　Fujifilm Pro 400H 是一款很优秀的人像胶卷。下面左图是日本富士胶卷拍摄风格，右图是德国爱克发胶卷拍摄风格。

a woman looking out the window wistfully, wearing a floral pastel linen blazer, natural afternoon light, side-angle view, shot on Fujifilm Pro 400H --ar 3:4

一位女士若有所思地望向窗外，身穿柔和花卉图案的亚麻西装外套，自然午后光线，侧角视图，用 Fujifilm Pro 400H 拍摄，长宽比 3:4

street photo of Paris with the Eiffel Tower, natural lighting, spring, shot on 35mm --ar 3:4

巴黎与埃菲尔铁塔的街拍，自然光照，春天，用 35 mm 胶卷拍摄，长宽比 3:4

除此之外，我们还可以指定不同的胶卷宽度的电影胶卷，如 8 mm、16 mm、35 mm 等。不同胶卷宽度，适用的场景也不同，例如 16 mm 和 35 mm 适合电影和广告制作。

award winning photo of a flying B-2 stealth bomber, beautiful colors, cinematic, 32k, shot on 35mm --ar 4:3

飞行中的 B-2 隐形轰炸机，获奖照片，色彩绚丽，电影般，32k，用 35 mm 胶卷拍摄，长宽比 4:3

通过指定相机和胶卷，可以从整体上改变画面的色彩、光照风格，也是一种快捷简便地设定风格的方式（技巧 12）。

在第 2 章"确定视角"一节中我介绍了一些镜头控制，这里我会更深入地讨论。下面通过一组图片来看一下照片中的镜头角度控制。

high-angle photo from above of a woman, wearing a white dress, gold necklace, shot on Lomography Color Negative 800
一位女士穿着白色连衣裙，佩戴金项链，俯视高角度照片，用 Lomography Color Negative 800 拍摄
retro style low-angle photo from below of a woman, shot on Fujifilm Pro 400H
复古风格的女性，下方低角度照片，用 Fujifilm Pro 400H 拍摄
side angle view of a 20 years old actor at coffee shop, shot on Afga Vista 400
20 岁演员，咖啡店的侧角视图，用 Afga Vista 400 拍摄
back view of a dog while waiting for his owner outside the house, shot on Afga Vista 400, sunset
狗在屋外等待主人，后视图，用 Afga Vista 400 拍摄，日落

　　低角度可以与广角镜头、中景镜头、特写镜头和大多数其他镜头类型结合使用。低角镜头往往会让图案充满趣味。当拍摄者靠近拍摄主体时，高角度往往会产生一种亲密感，比较适合突出表情和情感，也很适合用来展示细节。

　　斜角镜头又称荷兰式镜头，它的特点是通过镜头摇动来使得镜头不水平，剧烈地摆动使画面失去平衡感，从而营造出一种紧张的感觉。地面拍摄镜头，往往位于膝盖处甚至更低，可以用来拍摄细节，或者传达画面之外的一些信息。

an injured man runs down a corridor, Dutch angle shot --ar 4:3
一名受伤男子沿着走廊奔跑，斜角镜头，长宽比 4:3

an injured man runs down a corridor, ground-level shot --ar 4:3
一名受伤男子沿着走廊奔跑，地面拍摄镜头，长宽比 4:3

广角镜头的可视角度大于标准镜头，往往用于拍摄壮美的风景，或者用于让空间变得更加宽敞且令人印象深刻。

disorganized living room and bedroom, wide angle shot, shot on Canon EOS 5D Mark IV --ar 4:3
杂乱的客厅和卧室，广角拍摄，Canon EOS 5D Mark IV 拍摄，长宽比 4∶3

在第 2 章"确定光照"一节中，我们已经学习了一些光照的使用。不夸张地说，光照或许是影响成像质量最重要的因素，这里再补充一些常用的光照效果。

　　氛围光照主要用于烘托房间气氛，通过颜色和明暗控制，营造出一种浪漫、舒适的气氛。情绪光照一般会将主体之外的部分变暗，营造出一种有故事或者悬疑的感觉，以增加故事效果，常常用于电影、舞台。

disorganized living room and bedroom, mood lighting, shot on Canon EOS 5D Mark IV --ar 4∶3 杂乱的客厅和卧室，氛围灯光，Canon EOS 5D Mark IV 拍摄，长宽比 4∶3

disorganized living room and bedroom, moody lighting, shot on Canon EOS 5D Mark IV --ar 4∶3 杂乱的客厅和卧室，情绪灯光，Canon EOS 5D Mark IV 拍摄，长宽比 4∶3

　　主灯是场景的主要光源。主灯的强度、颜色和角度是摄影师进行灯光设计的决定因素。主灯通常以一定角度放置在拍摄对象的前面，从而照亮拍摄对象的某个部分。不同位置的主灯呈现出的感觉有所不同。下面两张是高主灯光照和低主灯光照拍摄的效果。

a beautiful girl, black background, high-key lighting --ar 3:4
美丽的女孩，黑色背景，高主灯光照，长宽比 3:4

a beautiful girl, black background, low-key lighting --ar 3:4
美丽的女孩，黑色背景，低主灯光照，长宽比 3:4

　　高主灯光照主要以明亮的灯光均匀地覆盖在主体上，这种照明效果亮度高且舒适，细节丰富；低主灯光照特点比较鲜明，通过侧面的光源不均匀地覆盖主体，呈现出明暗交替的感觉，并且往往暗部占主导地位，整体画面会传达出一种紧张的情绪。

　　黎明、黄昏束状光线，在日出和日落时，日光穿过云层，经过折射会形成美丽的光线束，这种光照会给照片带来特殊的光感效果。

Yosemite valley, tiered waterfall, cinematic realism, crepuscular rays, cumulous clouds, ultra wide angle shot, shot on Canon EOS 5D Mark IV --ar 4:3
优胜美地山谷，层次分明的瀑布，电影现实主义，黄昏光线，积云，超广角拍摄，用 Canon EOS 5D Mark IV 拍摄，长宽比 4:3

　　剪影是一种特殊的光照效果，Midjourney 可以轻松完成各种剪影效果。

a photo of a horse in 1960s, Afga Vista 200,silhouette lighting with side light --ar 4:3
一匹马的照片，1960 年代，Afga Vista 200 拍摄，侧光剪影照明，长宽比 4:3

除了直接指定光照，很多时候天气对光照的影响也非常大。

阴天的光照柔和且均匀，对于氛围的营造很有帮助；晴间多云混合了阳光和多云的效果，可以创造出漂亮的人像效果（技巧 13）。

photo of a woman passing by at the streets, overcast, shot on Agha Vista 200 --ar 3:4
一名女性在街道上路过的照片，阴天，Agha Vista 200 拍摄，长宽比 3:4

retro style photo of a man, shot on Afga Vista 200, partly cloudy --ar 3:4
一名男子的复古风格照片，Afga Vista 200 拍摄，晴间多云，长宽比 3:4

　　曝光控制往往是经验丰富的摄影师才具备的技能，但通过 Midjourney，我们很轻松就能掌握复杂的曝光技能。长曝光会让画面中快速移动的物体形成轨迹，例如城市夜景中的车流，夜空中的流星雨。

city landscape, night, long exposure,shot on
Canon EOS 5D Mark IV --ar 4 : 3
城市景观，夜晚，长时间曝光，
Canon EOS 5D Mark IV 拍摄，长宽比 4 : 3

intensive Leonid meteor shower, observatory,
long exposure --ar 4 : 3
密集的狮子座流星雨，天文台，长时间曝光，
长宽比 4 : 3

在 1990 年代，有一部悬疑主题的电视剧《双峰》(*Twin Peaks*)，海报就是通过双重曝光的形式营造了一种神秘感。

在提示语中，可以通过指定艺术家名字来改变画面风格。同样，在摄影领域，也可以通过指定那些传奇的摄影家名字来改变照片风格。

下面两张图的提示语是前面使用过的。上图指定了一位擅长街头拍摄的摄影家亨利·卡蒂埃·布列松作为摄影师，下图指定了一名以时尚、人像摄影见长的传奇摄影师欧文·佩恩。可以看到，

double Exposure of a man standing facing side
profile and an old house, darkness, sadness
双重曝光，男子侧身照和老房子，黑暗，悲伤

画面的关注点发生了变化，两张照片的风格迥异。

street photo of Paris with the Eiffel Tower, natural lighting, spring, shot in the style of Henri Cartier-Bresson --ar 4:3
巴黎与埃菲尔铁塔的街拍，自然光照，春天，亨利·卡蒂埃·布列松拍摄风格，长宽比 4:3

street photo of Paris with the Eiffel Tower, natural lighting, spring, shot in the style of Irving Penn --ar 4:3
巴黎与埃菲尔铁塔的街拍，自然光照，春天，欧文·佩恩拍摄风格，长宽比 4:3

下图两张图分别指定了摄影家柏拉图·安东尼奥（左图）和没有指定摄影家（右图）的效果，柏拉图是英国现代摄影家，尤其擅长人像拍摄，曾给霍金拍过肖像照。

左图的光照和细节都要好于右图。指定摄影家往往不光能改变风格，有时还能提升画面质量（技巧 14）。

youthful Bride in red dress, outside a door, smiling, edgy, shot in the style of Platon Antoniou --ar 3:4
穿着红色礼服的年轻新娘，在门外，微笑，前卫，柏拉图·安东尼奥拍摄风格，长宽比 3:4

youthful Bride in red dress, outside a door, smiling, edgy --ar 3:4
穿着红色礼服的年轻新娘，在门外，微笑，前卫，长宽比 3:4

下面这张图的提示语中使用了前面关于优胜美地的部分关键词，并指定了一位与它渊源颇深的摄影家安塞尔·亚当斯，其成名作就是优胜美地国家公园系列。

Yosemite valley, tiered waterfall, cumulous clouds, shot on black and white film, shot in the style of Ansel Adams --ar 4:3

优胜美地山谷，层次分明的瀑布，积云，黑白胶卷拍摄，安塞尔·亚当斯拍摄风格，长宽比 4:3

　　活跃在某个时代的摄影师往往会自带年代感，斯利姆·阿伦斯活跃在 20 世纪五六十年代，擅长拍摄社交名人。

man and woman, Philip guston garden sculptures, flowers, dreamlike, Hollywood, shot in style of Slim Aarons --ar 4：3
男人和女人，菲利普·古斯顿花园雕塑，花朵，梦幻般的，好莱坞，斯利姆·阿伦斯拍摄风格，长宽比 4：3

　　除了传奇摄影家本身的时间元素，我们也可以直接在提示语中指定年代来得到相应时代的照片效果。

photo of a 19th century scientist woman that invented a something liquid chemical in laboratory lab, she is wearing a lab gown, shot on Daguerreotype plate --ar 4:3
19 世纪女科学家在实验室发明了一种液体化学物质的照片，穿着实验室长袍，银版照相板拍摄，长宽比 4:3

an photo of a handsome and sad man, cabaret scenes, lively tavern scenes, realistic usage of light and color, luminous reflections, sensuous curves, in the style of 1970s --ar 4:3
英俊而悲伤的男人的照片，歌舞表演场景，热闹的酒馆场景，光线和色彩的真实运用，发光的反射，感性的曲线，1970 年代风格，长宽比 4:3

我们还可以利用老照片与想象力的结合玩出一些以假乱真的效果。

men digging up a giant human skull in the desert mountains, 1920 grainy photo, eerie, scary --ar 3:4
男人们在沙漠山脉中挖出一个巨大的人类头骨，1920 年的颗粒状照片，怪异的，可怕的，长宽比 3:4
1900s black and white photo of gigantic alien soldier with unsettling details such as metal implants, bared skin, contorted bones, and wires, a poor man --ar 3:4
1900 年代的黑白照片，照片中巨大的外星士兵具有令人不安的细节，如金属植入物，裸露的皮肤，扭曲的骨头和电线，一个可怜的人，长宽比 3:4

彩蛋 3

如果你想要展示非常时尚的服装，可以在提示语中使用关键词 fashion photograph，并配合 Niji 5 的 Expressive 风格一起使用，效果非常细腻，并且没有动漫的风格。这看起来太酷了！

candid street fashion photograph, bohemian styled 25 years old woman walking along a city street, natural lighting, overcast day, soft light, shallow depth of field, 50mm lens, Fujifilm X-T4, medium shot --ar3:4 --style expressive

抓拍的街头时尚照片，波希米亚风格的 25 岁女性沿着城市街道行走，自然采光，阴天，柔光，浅景深，50 mm 镜头，用 Fujifilm X-T4 拍摄，中景，长宽比 3：4，Expressive 风格

　　本节主要围绕摄影时关注的几个方面进行了扩展，可以看到 Midjourney 对于摄影的理解还是非常到位的。除了本节介绍的这些元素，其实还有很多提升照片美感、细节的方法，如指定摄影镜头、光圈、焦距控制等，这些留给读者自行探索。

插画

　　插画设计是本书要介绍的 Midjourney 应用的八大场景中的最后一个。为了尽可能地展现 Midjourney 在创意、美学和实际应用中的能力，本节的示例将不拘泥于插画的具体风格。参考不同风格插画的提示语，你也能轻松地将自己的创意变成作品。

　　下面是一组不同风格的人像插画。

portrait, half body woman, grey eyes, blood, oil, strokes, canvas, vibrant blue, black and brown
肖像，半身女人，灰色的眼睛，血色，油，笔画，画布，充满活力的蓝色，黑色和棕色
beautiful mixed medium portrait, in the style of Dan Barney, reflection of the complexities, technology, cyberpunk realism, color splash
美丽的混合介质肖像，丹·巴尼风格，反映复杂性，技术，赛博朋克现实主义，色彩飞溅

chinese girl, black long straight hair, face, orange eyes, character, orange background, abstract memphis, flat, vector, geometric --ar 3:4
中国女孩，黑色长直发，脸，橙色眼睛，人物，橙色背景，抽象孟菲斯风格，扁平化，矢量，几何的，长宽比 3:4
1990s anime, a cool mature beautiful woman with green long hair, looking at the camera, serious, dark background, clear, detail, 32k --ar 3:4 --niji 5
1990 年代动漫，酷且成熟的美丽女人，绿色长发，看着相机，严肃，深色背景，清晰，细节，32k，长宽比 3:4, niji 5

下面是一些风景和幻想场景的图片。

graffiti-infused streetscapes of Rio de Janeiro, midday, digital collage, primary, splashes of neon, spotlighting, in the style of Banksy --ar 4:3

充满涂鸦的里约热内卢街景，中午，数字拼贴，原色，摇曳的霓虹灯，聚光灯，班克斯风格，长宽比 4:3

a women in contrasting dress enjoying a calm and sunny day at the beach with colorful cottage, impressionist painting in the style of Adriaen van de Velde, ocean --ar 4:3

一位身着对比色连衣裙的女性在海滩上享受平静而阳光明媚的一天，色彩缤纷的小屋，阿德里安·凡·代·维尔德风格，印象派画作，海洋，长宽比 4:3

art style of Genshin impact, daylight, Sengoku Japan architecture, coastal surfing spot with surfers and fishermen, boats, mountains in background, ultra high res --ar 4:3

原神冲击的艺术风格，日光，日本战国建筑，沿海冲浪点，冲浪者和渔民，船，背景山脉，超高分辨率，长宽比 4:3

swordsman and a dragon, carving, Chinese dragon, red and bronze, animation aesthetic, precision art, detail, stunning environment, illustration, HD, fantasy art --ar 3:4 --niji 5

剑客与龙，雕刻，中国龙，红色和青铜色，动画美学，精确的艺术，细节，令人惊叹的环境，插图，高清，奇幻艺术，长宽比 3:4，niji 5

crazy detective, walking in the old street, looking at the detective with mountains in the distance, Cthulhu style --ar 3:4

发疯的侦探，走在古老的街道，远处注视着侦探，群山，克苏鲁风格，长宽比 3:4

下面是其他风格的一些插画。

coloring, adults, asian god, thunder, storm, cartoon, thick
着色，成年人，亚洲的神，雷霆，暴风，卡通，厚重

minimalist, flat, poster, Santorini, blue
极简主义，扁平化，海报，圣托里尼，蓝色

diagrammatic drawing of the structure of Tokyo Tower
东京塔结构示意图

serigraph print, in the style of Charles and Ray Eames
丝网印刷，查尔斯·伊姆斯和雷·伊姆斯风格

sassy cat, impressionist abstract cubism, wavy, 8k
时髦，猫，印象派抽象立体主义，波浪形，8k
minimalist white on a green background negative space, whimsical cuteness, robot, flat, vector, clipart, in the style of Skottie Young, Op art
绿色背景上的简约白色负空间，异想天开的可爱，机器人，扁平化，矢量，剪贴画，斯科蒂·扬风格，欧普艺术

其他场景

下面是一组海报类型的图片。

poster, contemporary art exhibition from Spain and Latin America in the 21st, retro flat, vibrant primary, negative space, transmits, in the style of Alcalá de Henares, garden --ar 3∶4

海报，21世纪西班牙和拉丁美洲当代艺术展，复古的扁平化设计，充满活力的原色，负空间，传递，阿尔卡拉·德·埃纳雷斯风格，花园，长宽比 3∶4

1980s road movie poster --ar 3∶4

1980年代公路电影海报，长宽比 3∶4

下面是一组游戏角色设计的图片。

wizened young beautiful female fortuneteller, head, close up character design, multiple concept designs, concept design sheet, white background, in the style of Yoshitaka Amano --niji 5

年轻貌美的占卜师，头部，人物特写设计，多个概念设计，概念设计表，白色背景，天野喜孝风格

下面是一组折纸艺术的图片。

paper quilling illustration of dark sunset over the Japanese temple and Japanese garden with sakura blossom trees in the high mountain, pastel colors

纸钻插画，日本寺庙和日本庭院的暗色夕阳，高山上的樱花树，粉彩

3D model, coffee shop, blue and fancy paper art

3D 模型，咖啡店，蓝色和花式纸艺

下面是陶土和等距风格的图片。

 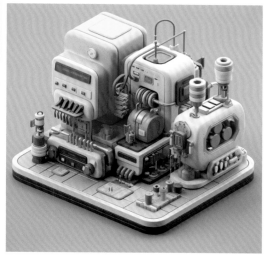

miniature, cute clay world, isometric view of garden, flowers, clay freeze, animation, tilt shift
微型，可爱的黏土世界，花园的等距视图，花朵，冻结的黏土，动画，倾斜移动
ordinary machine, isometric, cartoon clay, 8k
普通机器，等距，卡通黏土，8k

下面是一些商务风格的图片。

isometric illustration of people around a table at office, light orange, sky-blue and dark navy, grid-like structures, future tech, figurative work, white background

等距插画，人们在办公室围着桌子，浅橙色，天蓝色和深蓝色，网格状结构，未来科技，具象工作，白色背景

flat illustration of a group of people working in front of a big screen, with charts, corporate Memphis style, white background

扁平化插画，一群人在大屏幕前工作，配有图表，孟菲斯风格，白色背景

Midjourney 还能生成一些简单 UI/UE 设计图。

UI Design of an online chocolate store, landing page, inspired by Studio Ghibli, dreamy and fancy color palette, clean --ar 4∶3

在线巧克力商店，UI 设计，主页，灵感来源于吉卜力工作室，梦幻和花哨的调色板，干净的，长宽比 4∶3

第4章 Midjourney 技巧进阶

　　读到这里，相信读者已经对 Midjourney 仅仅通过文本就能生成精美图片的强大能力有了深刻的印象。本章将带领读者学习垫图（图生图）、权重参数、种子参数、叠图等 Midjourney 进阶技巧。但在学习之前，我还要强调一下，使用带有图片的提示语并不是生成你想要的图片的必要条件，而是多了一种与 Midjourney 的交互方式。

do not go gentle into that good night, in the style of ▶
Paul Cézanne
不要温和地走进那个良夜，保罗·塞尚风格

垫图

在第 2 章中，我们已经学习了一个进阶的提示语可以包含图片、文字和参数。也就是说，除了文字提示语，我们还可以将一张图片作为 Midjourney 的视觉参考，Midjourney 从中学习主体、风格、特征等信息，使得生成的图片（或多或少地）包含这些元素。这种通过图片生成图片的方式，称为垫图。

在垫图之前，需要先为图片找到一个可以访问的链接地址，也就是为图片找到一个"图床"。幸运的是，将图片上传到 Discord 就可以将 Discord 变为我们的图床。

上传方式也很简单，点击 Discord 对话框中的 "+" 号，选择要上传的图片，例如，左图是我准备上传的一张可爱的小女孩儿的照片。上传完成后，在聊天记录中右键点击图片选择 "复制图像链接"（注意不是复制消息链接），就可以得到图片链接，如右图所示。

　　有了图片链接就可以编写包含图片的提示语。在 /imagine 命令中，先粘贴图片链接，然后加一个空格或一个逗号，再输入文本提示语。

🕐　/imagine　prompt　https://s.mj.run/LzNB_Pkg7gg　anime style--niji 5

Midjourney 根据这个提示语就可以生成图片。

可以看到，生成的小女孩图片与照片神似，发型与背景也与垫图类似，并且图片风格已经按照提示语进行了变换。通过对主体进行更详细的描述，可以使生成的图片更符合我们的要求。例如基于刚刚的垫图生成一张 3D 的迪士尼风格的头像，可以在提示语中增加相应的描述。

https://s.mj.run/LzNB_Pkg7gg, girl is beautiful, 3D render, quality, front lighting, face, mockup, toy Disney
美丽的女孩，3D 渲染，质量，正面照明，脸，模拟，迪士尼玩具风格

　　这种方法很适合生成自定义风格的头像。垫图如何与文字提示语进行配合，可以像最开始那样，通过文字改变来改变垫图的风格以生成新的图片，还可以通过文字改变垫图中的主体，比如使用之前生成的图片作为垫图。

https://s.mj.run/wsrODnMmtfk, a bohemian styled 25 year old woman wearing black burberry trench coat walking along a city street, natural lighting, overcast day, shadow depth of field, medium shot --ar 3 : 4
穿着巴宝莉黑色外套的 25 岁女性，走在城市街道上，自然光照，阴天，阴影景深，中景拍摄，长宽比 3 : 4

文字提示语中指定了天气、光照、景深，还给女主角加了一件黑色外套，生成的图片也体现了这些变化，但垫图中的元素也得到了很大程度的保留。

除了人物，风景图片也可以作为垫图，例如用一张葛饰北斋的浮世绘（左图）作为垫图，Midjourney 会生成一张图片（右图）。

https://s.mj.run/1vJCg4rZLKE, city landscape --ar 4:3
城市风景，长宽比 4:3

从前面几个例子可以看出以图生图，具有以下几个特点。

- 垫图主要影响生成图片中的主体和整体风格（包含构图、光照、视角等）。
- 文字提示语越详细对结果影响越大。

彩蛋 4

Midjourney 支持多张垫图，在提示语中将多个图片链接以空格分开即可。快试试看和单张垫图有什么不同吧！

既然图片和文字都会对最后结果产生影响，那么如何控制它们的影响程度呢？

权重参数 --iw

权重参数 --iw 是 Midjourney 5 提供的用来调整提示语中图片与文字重要性的参数，其值越大代表图片对最后结果影响越大，默认值为 1，值域为 0～2，对 Niji 5 同样适用。

对于同一张垫图，不同的权重参数会带来不同的效果。为了尽可能地看出差别，我们选择了一张人像（第一张图）作为垫图。从第二张图开始为 Midjourney 生成的图片，权重参数依次为 0.5、1、2。可以看出，生成图片中的人物和细节（衣着、饰品等），随着权重参数变大而与原图更加接近。

https://s.mj.run/3Td89rDe13A, super cute girl IP by popmart, claymorphism, scenes in dark office, pastel, mockup, quality, 8k --ar 3∶4

超级可爱的女孩 IP，泡泡玛特，黏土形态，幽暗的办公室场景，粉彩，模型，质量，8k，长宽比 3∶4

　　下面这组图同样展现了权重参数对最终结果的影响。依然以葛饰北斋的浮世绘为原图，三张图开始的权重参数依次为 0.5、1、2。当权重参数等于 2 时，文字提示语对画面的影响已经比较小了，而且整体构图、风格均与垫图保持高度一致。

https://s.mj.run/1vJCg4rZLKE city landscape --ar 4:3
城市风景，长宽比 4:3

　　--iw 参数对最终结果的影响很明显，读者在使用垫图时，可以多加尝试，获得想要的图片。

多重提示

　　在进行提示时，Midjourney 可以通过分隔符 :: 将一个提示语拆为多个单独的部分，并对每部分赋予相应的权重。下面两张图片是一个例子。在第一张图中，"space ship"作为一个整体考虑，而第二张图中"space"和"ship"作为两个独立的部分考虑。需要注意的是，我们可以在提示语中通过分隔符 :: 标明各个部分，使每部分被视为一个独立概念，因而在上面示例中将"space ship"作为一个整体和作为两个独立的部分意思完全不同，类似的提示语还有"hot dog"和"cup cake"等。

space ship
太空飞船

space :: ship
空间 :: 飞船

　　在提示语中标注完各个部分后，就可以对每部分标注权重值。权重可以是任意数值，但是各部分的权重之和应当大于 0，否则生成的图片将与提示语没有关系。如果不标注权重值，则等同于 ::1，所有权重值会自动归一化，例如 space :: 100 ship :: 100 等同于 space :: ship。

　　右图是对 space 和 ship 赋予不同权重后的结果。

space :: 2 ship
空间 :: 船

在第 2 章中我介绍过，如果想去掉画面中的某个元素可以使用 --no 参数。在学习了多重提示后，--no 参数其实等同于对其后面的元素赋予 -0.5 的权重，即 ::-0.5。例如，如果不希望画面出现红色，就可以通过权重实现。

vibrant tulip fields:: red::−.5
充满活力的郁金香田 :: 红色 ::−.5

种子参数 --seed

　　Midjourney 生成的每幅作品都具有随机性，即使是同样的提示语生成的作品也会得到明显不同的图片。读者可以将 Midjourney 想象成在一个白色画布上先随机点缀一些元素，姑且称之为"起点"或者"底图"，然后按照读者的提示语扩展，最终生成完整图片。种子参数 --seed 的作用就是指定"起点"，从而帮助我们生成尽可能连续且相似的图片，--seed 的值是一个 $0 \sim 2^{32}$ 的正整数。从技术上来说，每个 seed 对应了一张噪波底图。获取 seed 的方式很简单，在 Discord 对话列表中，选择一张由 Midjourney 生成的图片，点击右键选择"添加反应"，点击信封图案的标记，如下图所示。

　　Midjourney 会发送一条信息以显示该图片的 seed 信息，之后就可以在提示语后以 --seed 1189102493 的形式使用，如下图所示。

> **full shot of Strong short haired marine soldier in black tactical jacket, jungle background**
> **Job ID**: 42500a86-7197-472e-a539-c9d8115afcab
> **seed** 1189102493

想要生成具有一致性的人物，可以将提示语与 --seed 参数结合，但如果提示语相差太大，也不一定能达到很好的效果，这时不妨将垫图与 --seed 结合。下面左图为垫图，右图为 Midjourney 生成的图片。

https://s.mj.run/LrtBl8sXZWA beautiful girl with black hair and green eyes smile at camera, walking in the Newyork street, in snow day, natural lighting --ar 3:4 --seed 795475150
黑发绿眼的美丽女孩对着镜头微笑，走在纽约街头，雪天，自然光照，长宽比 3:4

通过将垫图与 --seed 结合的方式，可以创作出一系列具有相似背景、相同主角的连续性和有情节的系列图片（技巧 15）。

叠图

　　/imagine 命令必须包含文字提示语，/blend 是一个特殊的命令，它没有文字提示语部分，但就像它的字面意思一样，它可以容纳 2 ~ 5 张图片，合并为一张新的图片，也称为叠图。我们可以在社区和之前的作品中随意挑选两张图片进行混合。使用 /blend 命令很简单，通过 /blend 命令上传图片，在命令后还可以指定 dimension 参数的值。dimension 参数影响的是生成图片的比例，目前只支持 3 种比例，即 landscape（3:2）、portrait（2:3）、square（1:1）。下面是两组案例（混合第一张图和第二张图得到第三张图）。

https://s.mj.run/FO4ReRx8PUg https://s.mj.run/DI5jqE49vTw

https://s.mj.run/m47ZgeaVyE8 https://s.mj.run/Qbh9X3ml9_g

　　在上面这两个例子中可以看到，/blend 命令进行了主体与主体之间的融合，主体与场景之间的融合，风格与风格之间的融合，效果还不错。但 /blend 命令没有大家想得那么好用，主要原因还是不支持文字提示语，导致用户对最终结果的控制力很差。可以想到，/blend 命令潜力比较大，期待在 Midjourney 后续版本有惊艳的表现。

　　读到这里，相信读者们已经对 Midjourney 强大而全面的能力有了深刻的印象，更可怕的是 Midjourney 还会不断地、快速地进化。人类对于这种未知而强大的能力往往心生恐惧或者惴惴不安，就像漫长的夜晚，正如本章开头那张图片的提示语 "do not go gentle into that good night"（出自狄兰·托马斯的诗歌《不要温和地走进那个良夜》，后因在电影《星际穿越》台词中反复出现而被大家熟知）。Midjourney 就像深邃而神秘的黑夜，希望本书能够照亮你的探索之路。